えひめブックス29

木と人間

―生物多様性と人々のくらし―

松井 宏光 著

公益財団法人 愛媛県文化振興財団

炒ったアキノエノコログサの実

天満神社のクスノキ

雑に折りたたまれて丸くなる仕組みが人工的に再現できたのは数年前ですし、ダンゴムシの糞に節足動物を殺す細菌の繁殖を抑える特殊な細菌がいることが分かったのは昨年（二〇一九）のことです。これらの情報はやがて人間生活に応用されるでしょう。

でも身の回りから「ほんものの自然」が少しずつ失われています。カマキリは子ども達の人気者ですが、街中でカマキリを見かけたらそこにまだカマキリが生きていける環境が残っていたことに安心してください。孵化したばかりの幼いカマキリの餌はアブラムシなど小さな動物です。アブラムシは道端に生えているヨモギやカラスノエンドウなどの汁を餌にします。アブラムシが居ればそれを餌にするテントウムシやクサカゲロウも居るでしょう。大きくなったカマキリの餌はバッタやチョウですが、バッタの餌やコオロギたちのすみかとなる草むらも残っていることになります。最近、カマキリを見なくなったと感じたら、その近くからは多くの植物や虫たちが一斉に消えはじめていることだと思ってください。あえて言えば草むらや水溜まりなど人の管理が行き届いていない場所も生き物にとって大事な場所です。

子どもたちに大自然を体験してほしいと思う大人は多いでしょう。でも高原のハイキングや山登り、渓谷や海辺でのキャンプも、子どもにとっては庭の地面で見つけたアリの行列ほどの魅力はないでしょう。アリを見つめる子どもは、ファーブルが庭でベッコウバチを見つめていたのと同じように、この小さな虫から生命の不思議や大自然の面白さを感じているのだから。

目次

まえがき

第一章　生物多様性の恵みを感じる

第二章 先人の知恵と技

第三章 草木のつぶやき

第四章　生物多様性の豊かな社会をめざして

第一章　生物多様性の恵みを感じる

1　森の息づかい

私の学生時代は山登り一色だった。重いリュックを背負い、頂上に着くと三角点の石柱の上に立って山を征服したかのように粋がっていた。

真冬の南アルプス縦走、北海道日高山脈の沢のぼりなど、今思えば危険や遭難と紙一重の山登りだった。三十五年も昔、広島で暮らした二十歳前半の思い出である。

私の専門は植物社会学といい、森林や草原の群落の構造や生い立ちを解明する学問である。松山に赴任してからは、植生調査のための山登りとなったため、頂上まで行くことは少ない。

調査は森の中をガサガサと歩き回って、そこに生育する植物を階層別に記録することから始める。そのあと地形や土壌などを記録する。

調査が終わると、しばらく森の中にたたずんで、その森の過去や将来の姿を想像する。森は長い時系列では大きく姿を変化させているのだ。一本の草さえ、そこに生えているには理由がある。草も木も何もしゃべらないから、それは一種の謎解きでもある。

そのうち考えあぐねて、森の中に座り込んでのんびりしてしまう。

すると森は、私をその中に置いたまま、ゆっくりと元の静けさを取り戻し始める。今まで私の靴音や林を分け入る音でかき消されていた風の音や梢（こずえ）の木の葉が擦れる音に気づく。

それまで息を潜めていた鳥たちが近くの枝で囀り(さえず)を始める。すぐそばの地面でカサカサと微かな音がする。虫が落ち葉を食べているのか地面を移動しているのか。ガサガサッと少し大きな音がしてササの揺れが移動するのはリスが動き始めたのだろうか。突然、草の根もとから顔を出したヒメネズミ。至近距離の私を見ても、無頓着で、忙しそうに食料を探して通りすぎる。足元では朽木とでも思ったのか靴によじ登ろうとする虫もいる。

森の生きもの達は私が立ち去ったと思ったのだろう。安心して、再び、それまでの活動を始めたのだ。あちこちで乾いた音がする。

ブナ林

彼らは私という人間がすぐそばに居ることに気づいていない。森の息づかいのような静けさに囲まれて、今度は私が動けなくなる。もし私が立ち上がれば、生きもの達は一斉に緊急避難し身を潜めるに違いないから。

私は石になったまま、生きもの達の営みを見つめる。それは森や森の生きもの達と一体となれたような不思議な錯覚に陥るひと時である。そして森の中は新鮮な驚きに満ちていることに気づく。

（愛媛新聞　二〇一〇年十月七日付　四季録　修正）

2　明日は七草

春の七草が全部言えますか？
芹、薺（ぺんぺん草ともいう）、御形（ハハコグサ）、繁縷（ハコベ）、仏の座（コオニタビラコ。ホトケノザを正式名とする草はシソ科でまったく別種）、菘（カブ）、蘿蔔（ダイコン）の七種の野草をいう。

正月七日に七草を粥に入れて食べることで、邪気を払い一年の無病息災を願う風習だ。正月料理で疲れた胃を休め野菜が乏しい冬場に不足しがちな栄養を補うとの説明は現代的で分かりやすい。

以前、毎年一月最初のゼミでは七草粥を作っていた。たいがい失敗して七草雑炊になってしまうが、心優しい学生達はちゃんと食べてくれた。また子供会のイベントでは七草ペペロンチーノを作った。これは好評だったが参加者が五〇人と多かったので厨房はパスタを茹でるのにてんてこ舞いだった。

七草料理の材料は前日に現地調達しておく。七草のほとんどが水田雑草なので松山市内でも郊外の冬期耕起がされていない田んぼに行けば、ナズナとハコベは簡単に見つけられる。セリは過湿の田んぼや水路に行けば難なく見つかる。意外に見つからないのはハハコグサとコオニタビラコだ。

カブとダイコンの野生はないので、河原に生えているセイヨウカラシナや海岸に生えているハマダイコンの根を代用とした。どちらも同じアブラナ科で根はダイコンに似ているものの繊維質で硬いので、一度だけ畑の隅から野良ばえの本物を調達したことがある。

しかし、七草粥は、本来は一月遅れの旧暦七日の行事だから、新年早々に全種を揃えるにはちょっと早すぎる。その多くがまだ地面に這った越冬葉（ロゼット葉）の状態であり、見つけるにはちょっとした経験が必要である。

市販の春の七草

そのせいかスーパーマーケットに並んでいる「七草パック」にはハハコグサやハコベの代わりにもっと普通に生えているチチコグサモドキやウシハコベが入っていたこともある。まあ粥にすると食感は大差ないとは思うが、近頃は「正しい七草パック」も見かけるようになった。

松山では七草をお風呂に入れると聞いて驚いた。調べると七草入り入浴剤が市販されており、ハコベは冷え性や肌荒れに、ナズナは腰痛や疲労回復に効くという。売れ残った「七草パック」はお風呂に入れても良いみたいだ。

（愛媛新聞　二〇一一年一月六日付　四季録　修正）

3　苦汁菜飯

松野町奥内に遊鶴羽（ゆづりは）という素敵な名前の集落がある。高知県四万十市と県境を接する奥深い集落で、谷の対岸から眺めると、「日本の棚田一〇〇選」に選ばれた数十段の田んぼが等高線のように重なって見える。

二〇一二年の秋、棚田保全のための聞き取り調査でこの地を訪れたときのことである。初日の聞き取りの際に、ある婦人が「苦汁菜飯（くじゅなめし）」を話題にした。苦汁菜？初めて聞く言葉だ。お祭りの宴席で出すと、散し寿司よりも先に無くなるという。それほど美味しいらしい。

苦汁菜の特徴を聞くとクマツヅラ科のクサギ（臭木）のことだった。クサギは、里山の日当たりの良い林の縁や石垣に普通に生えている落葉低木で、葉を揉（も）めば特有の悪臭があり、同じ悪臭がするヘクソカズラとともに自然観察会では格好の材料だ。子どもたちに揉んで匂ってもらい、臭い木だからクサギと呼ばれるようになったと言うとすぐに覚える。そのクサギを好んで料理にするとは驚いた。

さっそく食べてみたいとお願いすると、翌日の聞き取りではちゃんと「苦汁菜飯」のおにぎりが用意されていた。食べるとまったく悪臭はない。むしろわずかな滑（ぬめ）りと香ばしい甘みがあり美味。

この集落では春先になると各家で、クサギの若葉を大量に摘み、湯がいてアクを抜き、天日で乾燥させて保存しておく。調理前に湯がいて柔らかくして、油揚げなどを加えて砂糖、醤油で味付けして煮て、軽く塩味をつけたご飯と混ぜるのだ。

クサギの若葉を食べる食習慣は、愛媛県内各地で記録があるが、それが今でも残っているのはごく一部だろう。料理した婦人の一人は「松丸（松野町）から嫁いできたとき、苦汁菜飯を知ってびっくりした。今では苦汁菜飯をつくるのは奥内地区でも遊鶴羽集落だけかもしれない」と語った。

苦汁菜飯のお握り

春の山菜のうちツクシ、ワラビ、タラの芽、ウド、イタドリなどは季節の山菜として道の駅やスーパーマーケットで見かけるようになった。ツクシやイタドリが販売されるなんて一昔前にはなかったことだ。その一方で市場に出ない多くの伝統的な山菜料理がその食文化とともに消えようとしている。

（「文化愛媛」七十号　木と人間三十一、二〇一三年　修正）

4　山菜の頃

三月から五月は山菜採りの季節だ。山菜を目的に出かけることもあるが、むしろ野外調査の途中で山菜の宝庫を発見することの方が多い。

三月の終わり頃、山裾の畦道で、太くて高く伸びたツクシが密生している場所を発見。その際は植物研究会の最中だったので、ツクシ採りに夢中になるわけにはいかず、翌日、友人を誘ってツクシ採りに戻った。

田ではすでに田起こしの作業がすすんでいたが、その畦でまさに「刈るよう」にツクシを採った。道の駅などではパックに入ったツクシが売られているが、ここの住民はツクシを食べないのだろうか、それとも食べ飽きたのだろうか。

ツクシ採りに満足して、畦道に隣接する水路を見るとセリやクレソン（オランダガラシ）が盛り上がるように群生していた。これも見逃すわけにはいかない。さっそく今春伸びた新芽をどっさりと採取した。スーパーマーケットで売られているものよりはるかに肉厚でみずみずしい。ついでに河川敷に降りてシャク（セリ科の多年草）が若芽を伸ばしているのを見つけた。まだ食べたことはないがそのみずみずしさに美味しそうな予感がしたので採取。土手を上がるとその草むらでヤブカンゾウの群生を見つけたので、葉の根元の白い柔らかい部分だけを持ち帰った。

ツクシはとりあえず袴付きのまま素揚げで賞味。その後、三時間ほどかけて袴を取って卵とじ。セリとクレソンは水洗いしてサラダに、さっと湯がいて辛子和えに。シャクの新芽は天ぷらにした。初体験だったが、適度な苦さと歯ごたえはタラの芽を上回るほど。ヤブカンゾウの酢味噌の和え物はネギとは区別がつかないほど普通に美味しい。

桜の散り始めた四月中旬、調査で訪れた溜め池の堤防で採り頃のワラビを見つけた。視線がワラビにロックオンされると次々に見つかり、もう調査は後回し。

五月頃になると事務所近くの愛媛大学構内には勝手に生えたクサギが新芽を伸ばして食べ頃になる。若葉の煮物が絶品であることはほとんどの人が知らないので安心だ。

（産経新聞　四国版　二〇一七年四月二十八日付
坂の上の雲ミュージアムカフェ　修正）

ツクシの群生

5　秋草に埋もれて

秋本番の十月後半、東温市内の山間で耕作放棄された田んぼの植物調査をした。耕作が停止されると、湿田と乾田では異なる雑草群落に遷移するが、その過程を知ることが目的だ。

数年放置された水田には湿生の秋草が鬱蒼（うっそう）と繁茂している。調査が終り草むらに座り込んでお握りタイム。爽やかな秋晴れの午後、見渡しても人の気配はない。すっかりのんびりしてしまい、この心地よさを存分に味わうことにした。そこで植物標本用の大きなナイロン袋を二枚、草の上に広げて、その上に寝転がってみた。秋草の草むらは背丈は高くはないが私の体を隠すのには十分で、遠目からは一面の草むらとしか見えないだろう。

私の顔の上でアキノエノコログサやイヌタデの穂が青空をバックにして揺れている。地面では数匹のエンマコオロギがコロコロリとずっと鳴いている。時折、遠くからモズのキキッと鋭い囀りが響く。平日の昼下がり、花盛りの秋草に包まれてしばらく密かで幸せな時間を楽しんだ。

起き上がってあらためて周りを見渡すと、秋の田んぼは野草のお花畑だと気づいた。ミゾソバが金平糖のような淡いピンクの花をつけている。イヌタデの花は小さな赤飯粒が集まったようだ。青紫色の花はノコンギクかヨメナだろう。試験管ブラシのような穂を突き出しているのはイネ科の仲間で、黄色はキンエノコロ、先が垂れているのはアキノエノコログサ、黒っぽくて太いのはチカラシバだ。ススキは草むらの上に伸びて白銀色の穂を開こうとしている。その奥にはセイタカアワダチソウが背景を黄色に染めている。たとえ外来種であろうとも先入観なく見るとそれなりにきれいだ。

チョウジタデは葉も茎も赤く色付いて、そろそろ草紅葉となっている。アキノノゲシはレモン色、ゲンノショウコは紫色、ツユクサは青色と…見渡せばキリがないほどたくさんの花が見つかる。

イヌタデ

足元の地面ではしゃがまないと気がつかないほど小さな草も花を咲かせている。キカシグサやトキンソウ、イボクサたちだ。

どの草も田園では普通に生えている草である。普段は気にも留めない雑草であり、時には厄介な雑草であるが、今は自由に咲き乱れてそれぞれの生を謳(おう)歌しているようだ。

夏には疎ましくさえ思えた雑草の藪(やぶ)なのに、視点を変えると草藪はまさに人里植物のナチュラルガーデンである。秋の野辺は実に美しい。

（愛媛新聞　二〇一〇年十月二十八日付　四季録　修正）

6　田んぼミュージアム

秋は田んぼの植物が面白い。毎年、稲刈りの済んだ田んぼで植物を探す。田んぼの植物は小さくて地面すれすれに生育するものが多い。愛媛県絶滅危惧種のミズマツバの葉は長さ一センチもなく、それよりもっと希少なスズメハコベにいたっては葉の長さ五ミリ以下という微小さだ。だから調査では腰を屈めながら田んぼをあちこち歩きまわり、時にはじっとしゃがみ込んで探す。写真を写す際には地面に腹ばいになる事もある。その姿はどうみても不審者である。通りがかりの軽トラは必ずといっていいほど速度を落として怪訝(けげん)な顔でチラチラ見ながら通過する。

狙いは圃(ほ)場整備がされていない湿った田んぼだ。ホシクサやマルバノサワトウガラシなどの希少種が見つかるかもしれないからだ。数年前には南予の田んぼで、現存が不明であったヒメキカシグサや県内新記録のセトヤナギスブタが報告された。

だから山奥の谷間にある水が浸みだしているような田んぼに出くわすとワクワクする。ただそこに生える植物には分類が難解な種が多く、「研究室にお持ち帰り」が多くなるのが難点である。

田んぼに特有の植物の中には、東南アジアの氾濫原を本来の生育地とするものが多い。そこは雨季になると増水して短期間の湿地が出来る。生き物にとって、田んぼは氾濫原と同様に定期的に成立する湿地であり、しかも数千年も維持された湿地なのだ。そのため田んぼは人工の環境でありながら、湿地に生育する絶滅危惧種が多く残っている。
植物だけではない。田んぼや水路では水の張ってある初夏から夏にはさまざまな動物が観察できる。メダカ（ミナミメダカ）やドジョウ、カエル類やイモリ（アカハライモリ）、ヒメゲンゴロウ、ミズカマキリなどやそれらを狙う爬虫類や水鳥たち。カブトエビやホウネンエビなど遺存生物も初夏の短期間、一斉に孵化して泳ぎ回る。意外に面白いのはプランクトンである。ミジンコや珪藻類などのミクロの世界も見飽きることはない。

ミズマツバ

昔ながらの田んぼは、里地の生きものが自然のままで観察できる「田んぼミュージアム」なのだ。最近、日本の水田の生物リストが発表された。そこにはなんと六、〇〇〇種もの生物が記載されている。このことは田んぼや水路を含む複合生態系には熱帯雨林や珊瑚礁にも匹敵する豊かな生物相が存在することを意味している。二〇一〇年、名古屋で開催された生物多様性条約会議（CPO10）では水田を保全するための「水田決議」が採択された。田んぼは、絶滅危惧生物が集中する「生物の保管庫」でもある。

（愛媛新聞　二〇一〇年十一月十八日付　四季録　修正）

7　ネコジャラシのポップコーン

ネコジャラシの名前は誰でも知っているだろう。田畑の畦や道端に普通に見られる試験管ブラシのような穂をつける雑草だ。だけど正式な名前は意外に知られていない。ネコジャラシとはイネ科エノコログサ類の通称であり、エノコログサ、キンエノコロ、アキノエノコログサがある。エノコ（狗）とは子犬のことであり、もともとは穂を子イヌの尻尾に見立てた呼び名である。イヌが古来から日本に存在するのに対してネコは中国から持ち込まれたものであり江戸時代でもなお貴重な飼育動物であったことから、ネコジャラシの別名が付けられたのは意外に近年であろう。

エノコログサ類は今では厄介な雑草扱いだが、縄文時代の日本人にとっては主要な食糧であった。それはエノコログサを原種とするアワである。エノコログサの実は熟すとちょっとした刺激で穂から実がパラパラと落ちる。これを脱粒性といい、エノコログサにとってはたくさん子孫を残すという意味で脱粒性は必要なことであるが、人間にとっては実の収穫がきわめて困難である。アワに限らずどの穀物でも野生種から栽培種が品種改良される過程で、非脱粒性を獲得した変異株の発見が不可欠であった。エノコログサの非脱粒性株を改良したものがアワである。アワはヒエとともに稲作が渡来した以後も庶民は第二次世界大戦以前までは食べ続けてきたが、その後は粟（あわ）おこしや小鳥の餌として用いられる程度であった。しかし近年は、雑穀の一つであることから健康食品として見直されつつある。

さてエノコログサがアワの原種なら実を食べることができるはずだ。数年前の十月中旬、たわわに実ったアキノエノコログサの収穫を試みた。穂に触れただけで実がポロポロ落ちる。そこで傘を逆さまにして草の下に置き、穂を手でしごくと簡単にたくさんの実を収穫できた。つぎに数日間乾かして、ビンに入れて棒で突いて脱穀する。昔ながらの「瓶鳴き精米」の応用である。それをバットに移して、横から吹くと殻だけが飛び去るのだが、実際には完全に脱穀するのは容易ではない。なんとか大さじ二杯分ほどの実を手に入れた。実は一・五ミリほどと小さい。

炒ったアキノエノコログサの実

実をフライパンで炒ってみた。すると堅い種皮が弾けて白いスポンジ状に膨張した中身が出た。口に入れると焦げたような香ばしい味がした。これはまさにネコジャラシのポップコーンである。ただ小さすぎてピンセットでないと摘まめないのが難点だが。

（産経新聞　四国版　二〇一七年十月二十日付
坂の上の雲ミュージアムカフェ　修正）

8　ふわふわイモムシ

あるとき学生が研究室の冷蔵庫の中から古い卵を発見して騒いでいた。振るとカラカラと軽い音がするという。元は生タマゴだが、捨て忘れているうちに（たぶん七年以上）水分が蒸発して中身が凝縮していたのだ。怖いもの見たさの学生の前で殻を割ると、小さな黄色の塊が転がり出た。目が点になっている学生と味見に挑戦した。スライスして口に入れると薄味のチーズみたいで意外にいける。私も学生も二度と無いだろう経験だった。

しかし数年前の味見は悲惨だった。松山市内の溜め池で外来生物観察の予行としてザリガニ釣りをしていたら、水面に浮かぶ熱帯原産の外来水草ボタンウキクサを見つけた。別名ウォーターレタスといい、葉は肉厚で瑞々（みずみず）しく食欲をそそる。隣に居た友人（某大学理学部調査船の船長である）は食べてみようと言う。悪くない提案だ。早速、岸に引き寄せて葉をちぎって口に入れた。数回噛んだとき二人とも吐き出した。喉がチクチクして痛い。あとで調べると、ウォーターレタスと言う英名が付いているが、食すると苦味と柔らかい毛がトゲのような食感になり喉がチクチクして食用とはならないと書かれていた。原産地ではカバさえ食べないらしい。事前に知っていたら絶対に食べなかったが、今ならボタンウキクサは食用不可と実感もって説明できる。

今は情報が豊富だから、危険も失敗も体験することなく事前に回避できる。昔の子どもが泳い

ボタンウキクサ

でいた溜め池も「危険立入禁止」で水の危険を体験できず、見た目や匂いなど五感で判断していた食品の鮮度も今は「賞味期限」が判断基準。これは情報化の恩恵だけど、実感や経験のともなわない知識である。情報化が進む現代には、その情報を正しく理解するために「子どもたちに正しい体験」が必要だろう。その機会を奪っているのは万全の安全を願う親心かもしれない。

私にはまだ試してみたいことがある。それは毛虫である。ある本に毛虫を掌（てのひら）に包むとふわふわの感触が心地いいと書いてあった。どんなふわふわ感だろう。でも毛虫を見るたびに「毛虫は刺す」という先入観におじけて瞬間タッチしかできない。ところが『イモムシハンドブック』（安田守（やすだまもる）、文一総合出版、二〇一〇）を読んで少し勇気が出た。毛虫の中で有害なのはごく少数でその特徴を覚えることが早道と書いてある。身に付いた先入観を克服するのは容易ではないが、来春にトライしてみよう。

（愛媛新聞　二〇一一年九月二十二日付　四季録　修正）

9　落ち葉の布団

十二月になるとコナラやアベマキなど落葉樹はすっかり葉を落としている。雑木林の中を歩くと靴が埋まるくらい落ち葉が積もっていて、林内をガサガサと落ち葉を蹴飛ばしながら歩くのは気持ちいい。

数年前の初冬、何回か自然観察の指導に訪れていた伊予市の翠小学校から「落ち葉」の注文があった。教室の一角を段ボールで仕切って、落ち葉をどっさり入れて「落ち葉のプール」を作りたいというのだ。その小学校は山里にあるので落ち葉は簡単に手に入りそうだが、山では虫や泥が混じってない乾いた落ち葉を大量に集めるのは意外に難しいのだろう。

当時勤務していた大学には中庭に広い芝生があって、周囲にはサクラやイチョウ、ケヤキが植えられていた。秋が深まると芝生一面に葉が落ちて、毎朝、施設係の人がせっせと落ち葉をかき集めている。

注文を受けて数日後、施設係の人が用意してくれた大型ゴミ袋十数個分の「泥がついていない落ち葉」を小学校に配達した。車の中は運転席以外はすべて落ち葉の状態だった。

残念ながら「プール開き」には参加できなかったが、ふわふわの落ち葉のプールの中で、子どもたちが葉をすくい上げて頭からかぶったり、落ち葉の中に潜ったりして、大騒ぎする様子が想像できる。私なら肩まで埋まって「落ち葉温泉」を楽しめたのにと残念に思った。

ところがその翌秋、自然体験イベントの下見で松山郊外の雑木林を歩いていたら、遊歩道沿いで大量の落ち葉の山を見つけた。道路清掃の際にブロワーで落ち葉を路肩下に吹き飛ばしたものだ。この葉なら「プール」は無理でも「布団」なら出来そうだ。

数日後、不要になったフトンカバーを担いで子ども達と落ち葉集めに向かった。みんな夢中になって落ち葉を集めてくれて、やがてりっぱな「落ち葉の布団」が完成した。子ども達は代わる代わる布団に包まれて、はしゃいでいた。イベントが終わり子どもが帰ったあとで、一人で布団に潜り込んでみた。ガサガサ感はあるが軽いし、ふかふかで暖かいし、なによりも落ち葉の香りが心地いい。今は落ち葉に埋もれて冬越ししているヒメネズミたちも同感だろう。

落ち葉の布団

（産経新聞　四国版　二〇一五年二月十三日付
坂の上の雲ミュージアムカフェ　修正）

10　ピラカンサは美味か？

八幡浜に私の畏敬するＭ氏が居る。彼の自然に対する眼差しは暖かい。ただし悪食である。ある日、彼から問い合わせのメールが来た。「例によってヒヨドリやらツグミを見習って、（有毒とされている）センダンの果肉を舐めつつ食べてみました。ほんのり甘くて今だピンピンしています。どの部分に毒があるのですか」

彼はかつてマムシグサの実を齧(かじ)って七転八倒した経験を持っている。有毒と知りつつわざわざ食べるとは、と思うが気持ちはよく分かる。鳥が喜んで食べているのだから、どんな味か確かめたくなったのだろう。実は私も同じ食癖だ。木の実は手当たり次第に口にする。食欲をそそる実が美味とは限らない。むしろ無味か不味いものが多い。

植物にとっては、タネ散布は種の存続をかけた最大のイベントだ。効果的にタネを散布するために、限られた資源を実のどこの部分に投資するかは重要な決断である。実を大きくし赤く色付けて、しかも甘くするには、大量の資源を使うので実の数は少なくなる。結果的に発芽適地にタネが落ちる確率が少なくなる。美味しそうな色だが中身は不味い実の場合、鳥はすぐに見つけて食べ始めても不味いので少数しか食べないだろう。いろんな鳥がやって来ては一口食べて不味っと飛び去る。結果的に長期間の種子散布が可能となり植物には有利である。中身の美味しさよりも見た目の美しさに投資する作戦である。

立春を過ぎてもピラカンサやクロガネモチの実は多くが食べられずに枝先に残っている。目立つ赤色だから鳥が気づかないはずはない。そこでピラカンサの実を齧ってみた。なるほど不味い。ついでにクロガネモチも食べてみたがやはり不味い。

葉に隠れた黒い小さな果実には意外に美味なものが多い。目立たなくても甘いなら鳥は探し出して食べてくれる。また中身に高栄養の脂肪分を含んでいる場合がある。いずれも見た目より中身に重点投資する作戦だ。光合成で得た限られたエネルギーをどこに投入するかは植物それぞれの戦略である。

ピラカンサの一種のトキワサンザシ

もっとも鳥が人間と同じ味覚とは思えないし、植物がどの戦略を選んだかは人間の勝手な解釈に過ぎないだろう。それでもあれこれ思いを巡らせながら自然を見るのは楽しいものだ。かくしてM氏も私も野山で草の実、木の実を手当たり次第に食べてみる。

※センダンの果実は生薬として用いられるが、多くの家畜で中毒事故があり、人の中毒も報告されているので誤食しないこと。

（愛媛新聞　二〇一〇年十二月九日付　四季録　修正）

11　庄ダイコン

大寒が過ぎると、松山市北部の庄（しょう）地区（旧北条市）では庄ダイコンの収穫が最盛期となる。

庄ダイコンは一五〇年以上も昔から栽培されてきた伝統ある地野菜で、今では庄地区のごくかぎられた範囲でのみ栽培されている。一般に流通しているダイコンは青首ダイコンといって根の上部が淡緑色だが、庄ダイコンの根の上部が赤色で染まることときめ細かな肉質でほんのり甘いのが特徴である。

ダイコン栽培の歴史は古く、練馬（ねりま）ダイコン、守口（もりぐち）ダイコンなどその地域に適した多くの品種が作られた。農林水産省の資料では全国で一一〇品種ものダイコンが記録されている。

しかし昭和五十年代以降、Ｆ１青首ダイコンが急速に普及し、今では作付面積の九八％以上を占めるという。Ｆ１というのは一代限りの雑種で、形や規格に大きな違いがないので大規模販売店としては扱いやすく、栽培期間が短く収量が多いから栽培農家も有利である。しかし、その形質は一代限りなので毎年、種苗会社から種を買い続けなければならない。青首ダイコンが市場を席巻することで、古来から伝わる地野菜の品種が消えていく。これはまさに里地の生物多様性の喪失とも言える。

庄ダイコンも青首ダイコンとの自然交雑によって純系の遺伝子が失われてしまう危機があっ

た。一〇〇メートル圏内に青首ダイコンなど他種のダイコンがあれば花粉を運ぶ昆虫が往き来することで交雑が起こるという。一時、庄ダイコンの純系がなくなりかけたときがあった。そこで地元の農家からの要請を受けて、愛媛県農業試験場（現：愛媛県農林水産研究所）では、昭和五十七年からビニールハウスの中に隔離して選抜採種を開始し、平成六年にやっと庄ダイコン純系の種を手に入れることに成功した。

そのダイコンを守るために、地元の女性たち五名は「赤首だいこんを保存する会（現：庄だいこん保存会）」を結成し、植え付けから収穫まで世話を開始した。今では地元の産直市でも販売されており、道後温泉の老舗旅館でも料理が提供されている。

（産経新聞　四国版二〇一七年二月三日付　坂の上の雲ミュージアムカフェ　修正）

庄ダイコン

12 枝先のオブジェ

木枯らしが吹く頃になると、ほとんどの花も虫も姿を消しているけど、冬には冬の自然の楽しみ方がある。

樹木が葉を落とすと、枝の葉がついていた部分に特有の痕が残る。それを葉痕と呼ぶ。いろいろな木で葉痕を丹念に探すと、ときに奇妙な顔模様を発見する。その模様を見ながら想像を膨らませると、動物やコビトや宇宙人の顔に見えたりする。目や口に見える部分は葉脈の痕だ。葉痕の両側に托葉が残っているなら、それは大きな耳に見える。葉痕の上には冬芽がついていると、おしゃれな毛糸の帽子に見えたりする。アジサイは羊の顔、センダン（グラビア写真）は猿の顔にそっくりであり、クズは冠をかぶったコビトに似ている。もっともおもしろい葉痕が見つかっても、その頃には葉が落ちているので木の名前が分かりにくいことが多い。

ある年の秋、「イラガの繭探し」と「モズの早贄探し」にはまったことがある。

イラガの幼虫はサクラやカキの葉を食べる害虫で、毒針に触れると飛び上るほど痛いことから多くの人が知っている。秋になると小枝の又の部分などに卵形の繭を作って越冬するが、その繭の表面には墨筆で描いたような大胆なライン模様がくっきりと残っている。その模様は個性的で明らかにアートである。ところが普通にイラガと呼んでいるのは大正時代に侵入した外来種の「ヒロヘリアオイラガ」で、その繭は卵形だけど黒い模様はない。昆虫の専門家から、イラガが激減し、その繭はめったに見つけることが出来ない超レア品だと聞いたことから私のイラガ探しが始まったのだ。ところが十二月の半ば、えひめこどもの城のエコハウスで、子どもたちと自然観察をしている最中に、幸運にもイラガの繭が見つかった。繭の表面にはほれぼれするほどの見事な黒い筋模様があった。

イラガの繭

「モズの早贄」は、肉食のモズが捕まえたバッタやカエル、トカゲなどの獲物を尖(とが)った枝先に突き刺したもので、モズが里に下りる秋からは田園地帯でも稀(まれ)に見かけると言う。友人や学生からは最近見たとの報告があるが、私自身は何十年も見ていない。

秋になって郊外の公園などで落葉樹を見るたびに立ち止まっては、密かに「枝先のオブジェ」探しをしている。

（「文化愛媛」七十二号　木と人間三十三、二〇一四年　修正）

13　原っぱ薬局

二月終りの日曜日、内子町五十崎の小田川河原で早春の自然探しをした。参加者は地元の小学生七名と保護者三名。日差しは暖かいが原っぱは冬枯れのままだ。虫メガネを手にした子ども達は木の冬芽を探したり、くっ付く草の実を見たりと賑やかだけど一〇メートル進むのにも時間がかかる。

地を這うように茎をのばして緑の丸い葉をつけているカキドオシを見つけた。「この中に、わがままで聞き分けのない子は居ますか」と聞くと、一人のお母さんが笑いながらわが子を指差している。ではとカキドオシの葉を採って「この草は別名を癇取草といって、葉を干して煎じて飲むと子どもの癇に効くそうだよ」と説明した。もっとも子どもたちの興味は独特の匂いのようで、臭いだの消臭剤に似ているだのと騒いでいる。カキドオシは昔から有名な薬草だ。副作用のない糖尿病の治療薬としても知られている。

「これ知ってるよ」と一人の子どもがオオバコの葉を差し出した。オオバコは生薬名を車前草といい、葉は咳止めになる。最近は種子にダイエット効果があるとして大手通販会社が大々的に宣伝している。さっき子どもが虫メガネで見ていたオナモミ（オオオナモミだが）は、果実は慢性胃炎に、葉は解熱や頭痛に効くという。少し歩くとドクダミとヨモギの若葉があった。ドクダミは十種類の薬効があるので生薬名を「十薬（じゅうやく）」といい、今では健康ブレンド茶として普通に売られている。ヨモギは腹痛や止血などのほか灸（きゅう）（やいと）で使うもぐさの原料となる。
　昔の人はケガや病気になると言い伝えや古老の知恵に従って、原っぱや裏山へ薬草を探しに出かけた。医学の知識もなく医者にかかることも難しい時代にあっては、薬草は唯一の頼りだったのだろう。だから昔の人々にとって原っぱは「雑草が茂る無駄な場所」でなく「薬草や山菜の育つ大事な場所」だったのだ。

ドクダミ

　五年毎に全県のタンポポ調査をしている。あるとき研究室に市販のタンポポコーヒーを置いていた。根を干して粉にしたものでカフェインはなく色はコーヒーそっくりだが苦くはない。女学生には意外に好評で勝手に作って飲んでいる。根は漢方では蒲公英根（ほうこうえいこん）といい、効能は肝機能改善と授乳促進。彼女らにはどちらもまだ必要ないはずだが。

（愛媛新聞　二〇一一年二月十七日付　四季録　修正）

14　原っぱ再生計画

九月初旬、ある研究者を案内して松山市郊外の草地を訪れた。彼はオミナエシなど古くから里に生えている植物の遺伝子解析によって草地の起源を解明したいと言う。ツリガネニンジンとナデシコはすぐに見つかったものの、リンドウやキキョウ、オミナエシはなかなか見つからない。いくつかの溜め池堤体の草地を巡るうちに、最近、堤体改修工事を終えた溜め池を思い出した。そこは以前、キキョウが群生していたのだ。

堤体改修工事の場合、元の斜面は削り取られて、工事完了後の新しい法面には外来種種子による緑化が行われる場合がほとんどだ。だめもとで訪れるとやはり堤体には新しい土が盛られてまばらに外来植物が繁茂していた。ところが堤体の山側に一部だけど元の斜面が残されていてネザサやススキが生えている。そこにはキキョウやオミナエシが今年もかろうじて花を咲かせていた。あとで聞くと、地元の人が昔ながらの植物が生育しているので堤体の一部を触らないでほしいとの希望があったそうだ。

ススキ原を歩き回っているとカヤネズミの巣を見つけた。カヤネズミは名前のとおり、ススキ（カヤ）など原っぱで暮らす大人の親指ほどの小さなネズミで、地上一メートル程の高さにススキやチガヤの葉を丸めたソフトボールほどの巣を作る。かつてススキは家畜の餌や緑肥、藁（わら）葺き屋根材として重要な資源であり、どの村にも必ず一定面積のカヤ場が存在していた。今ではススキを利用することはなくなり、カヤ場は植林や雑木林となっている。ため池堤体のススキ原は残り少なくなったカヤネズミの生息地であった。

しかしススキに混じってネザサも背が高く茂り、コナラなど樹木も点々と侵入していた。堤体の草原は地元のため池の水を利用する農家の人が毎年数回は草刈りをしていることで維持されているのだが、工事期間の数年間は草刈りがされなかったからだ。せっかく残ったススキ原も草刈りをしないなら、数年するとススキが密生してキキョウなどが衰退し、次に樹林化してススキも消えてカヤネズミも行きどころのないまま途絶えるのだろうか。

カヤネズミの巣

昔ながらの草刈りさえ続けば、昔ながらの原っぱを再生することができる。地元の人でも町の人でもいいから、草刈り部隊を編成して、秋の七草が咲きカヤネズミが安心して棲み続けられる原っぱを残したい。

（産経新聞　四国版　二〇一四年九月十三日付
坂の上の雲ミュージアムカフェ　修正）

15　生きもの達も先生だ

幼稚園で子どもたちが大切に飼っていた金魚が、ある朝、死んでいた。さあどうするかと保育科の学生にアンケートをした。学生の一人は「子どもの時、飼っていた金魚が死んだことがあった。その時はお父さんと一緒に葉っぱに包んで庭に埋めてお墓を作った」と答えた。ほぼ全員が「お墓を作る」という。

しかし、『死んだ金魚をトイレに流すな』(近藤卓、集英社新書、二〇〇九)の報告は衝撃的である。カナダやアメリカではトイレに流すのが一般的なのだ。むしろ「日本人は本当に金魚の墓を作るのか」と驚くらしい。だからといってカナダやアメリカの人が冷徹だという訳ではない。文化的、歴史的背景の違いによるものだろう。

日本でも最近は、「トイレに流す」とか「新鮮な魚だから猫に食べさせる」、「魚の食べ残しと一緒だから生ゴミとして捨てる」と答える人も少数ながらいるらしい。都会のマンション住まいだと埋めたくても適当な地面がないという事情もあるだろうが、生きものの最後をあいまいな形にしてほしくないと願う。

ある学生は保育所実習の出来事を報告した。「朝、クラスで飼っていたハムスターが死んでいるのを見つけた。担任の先生は子どもが来る前に始末しようとされたが、園長先生はみんなに見せてくださいと言われた」。

大人は子どもたちを悲しませたくないから、死をごまかそうとする。しかし子どもたちは昨日までの暖かくて柔らかく可愛い仕草をしていたハムスターが、今、目の前では目を閉じ硬く冷たくなっていることを感じて、また一つ大切な「死の体験」をしたことだろう。幼稚園が毎日楽しいだけの所である必要はなく、重大な事件があれば子ども自身も重大に受け止めていいはずだ。子どもが深くかかわっていた生き物なら子どもも当事者の一人である。子どもは悲しむだろうが大切な体験をする機会でもある。

ウサギのお墓

生き物の死によって、子どもは命に限りがあることを知る。子どもが生き物の命を考え始めるとき、それは人間の命を考え始めるときであり自らの命を考え始めるときでもある。そのことが「やさしさ」「おもいやり」「命の大切さ」へと発展するだろう。保育現場ではいろいろな動物を飼っている。その世話は手間のかかることだが、これらの生き物は子どもたちに、保育者が言葉だけでは到底伝えることの出来ないたくさんのことを体験させてくれる。

（愛媛新聞　二〇一〇年十二月十六日付　四季録　修正）

16　街路樹の「ゆらぎ」

市街地に街路樹があるのは見慣れた風景だが、もし街路樹がない風景を想像すると多くの市街地はビルと道路という直線と平面で構成されていることに気づく。まれに曲線や曲面があってもそれは計算されたカーブとなっている。それらが市街地に人工物のもつ整然とした調和を作っている。

しかし街路樹の幹は垂直ではなく、枝は四方に曲がっている。葉は色や大きさが微妙に異なっていて、風が吹けばそれぞれがそよぎ、路面には木漏れ日の明暗模様ができる。画一的な市街地の中で街路樹だけがその調和を乱しているようにさえ思える。

ビルや道路や、工場で生産された製品など、人工素材を使って人間が作ったものは、必ず画一性や規則性を持っている。大量生産においては多様性と不規則性は馴染(な)まないのだ。

しかし打ち寄せる波の音、小川のせせらぎ、ローソクの炎、どれも同じ繰り返しのようであっても同じではなく、絶えず予測できない変化をしている。その規則性と不規則性の調和したパターンは「1／ｆのゆらぎ」とも呼ばれる。自然は、森も川も海も空もすべてが「ゆらぎ」そのものであり、人類は太古からその「ゆらぎ」に包まれて生きてきたのだ。

また自然素材も同様だ。木肌の細かな凹凸(おうとつ)や木目も規則的に見えて実は不規則な変化がある。

木製品に懐かしさとか温かさを感じるのは、触感的な温かさのほかに、自然物としての「ゆらぎ」があるからだろう。

街路樹は景観向上など幾多の効果が期待されるが、樹木のもつ「ゆらぎ」が市街地の画一性を乱し、見る人に本能的な安心感や心地よさなど快適な感覚をもたらすことも価値の一つではないだろうか。

私の車には山靴や剪定バサミなど調査用具と一緒にハンモックが入っている。岩壁登攀時のビバーク用のもので、軽くて丸めると握りこぶしほどになる。初夏のある日、重信川源流での調査の際に、河原に張り出した二本の木にハンモックを吊って一休みした。ハンモックに揺られながら見上げると幾重もの若葉が風に揺れている。木漏れ日、風の音、虫の音、小川のせせらぎ…心地よい「1／f のゆらぎ」に包まれて午睡する。

（「文化愛媛」七十三号　木と人間三十四、二〇一四年　修正）

河原に張ったハンモック

17　森はオモチャ箱

十二月の始めに伊予市上灘（なだ）の翠小学校から電話があった。

子どもの声で「また学校に来てください。みんなで落ち葉なんかで遊びましょう」二年生から直々のリクエストだから断れない。校長先生の作戦勝ちかもしれない。

翌週、同僚を誘って意気揚々とその小学校に向かった。

学校に到着する前に、近くの高台の山道に車をとめた。見下ろすと明るい谷間に赤い三角屋根の木造校舎が見える。そばに川も流れている。すべてが魅力的な風景だ。

学校に着き、子どもたちの準備が出来ると裏山へ出発。といっても校門の前から山道が続く。一年生から四年生までの全員（たった）七人と先生たち大人五人の賑やかな行進だ。

子どもたちは、すぐに道端でくっつく草の実を見つけて服に付け合ったり、カラスウリの赤い実を集めたりと勝手に楽しんでいる。早々と咲いたホトケノザの花筒を吸って「これは甘いんだよ」と教えてくれる。ノギクもツワブキも咲いている。

途中で大人たちは森に入って木に巻きついているフジのツルを集めた。体重をかけて引きおろすのだ。道から見ている子どもたちはターザンみたいとうらやましがっている。長いツルが何本も収穫できた。

子どもたちはすぐにツルで長縄跳びを始めたのには驚いた。それに飽きると電車ごっこだ。子どもたちはツルだけでいろんな遊びを発見するものだ。

イタドリの茎を切ってほしいと言う。剪定ばさみで切って渡すと、子どもはピーと音の出る草笛にして得意そうだ。ウバユリの枯れた実を見つけた子どもは、それを友達の頭上で降る。中から無数のタネが紙ふぶきのように舞い落ちてまた一騒ぎ。

フジのツルで縄跳び（2010 年 12 月、伊予市）

山道をしばらく登るとちょっとした広場に出た。そこで休憩。私たちは持ってきたツルを輪にしてスギの葉を巻きつけて子どもに渡した。クリスマスリースを作るのだ。子どもたちは自分のリースに、近くに落ちているマツボックリやノグルミの実をつける。クサギの青い実やフユイチゴの赤い実を飾った子どももいた。最後にキラキラの鈴（これは市販のもの）をつけて完成。

どこでもある山道で子どもたちと遊んだ二時間ほどの時間。子どもの手にかかるとありふれた自然がたちまち楽しいオモチャとなる。

（愛媛新聞　二〇一〇年十二月二十三日付　四季録　修正）

18　三丁目の夕暮れ登山

私の愛読書に『三丁目の夕日』（ビックコミックス）がある。西岸良平がコミック誌に連載している漫画で、単行本を第一巻から最新巻まで揃えている。昭和三十年代の東京の下町「夕日町三丁目」を舞台に人情味ある暮らしぶりを描いたもので、近年、映画化されて話題となった。当時勤務していた私の研究室も昭和三十年代に建築された学内最古の校舎にあり、室内のレトロな雰囲気が気に入っていた。研究室は三階にあったが、天気の良い日には西側の窓から真正面に夕日が見えた。「桑原三丁目の夕日」だ。時には太陽が松山平野の沖に沈む一瞬、薄暗くなった室内が真っ赤に染まることがあった。

ある秋の頃、保育内容「環境」の授業の際に学生に自然体験のアンケートをしたところ、「日の入り」を見たことがない学生が三分の一以上もいたことに驚いた。秋だと下校時間には夕焼けは見ているはずだが、日の入りと聞かれると覚えていないのかも知れない。

そこで学生たちと一緒に松山平野に沈む夕日をダイナミックに眺めることを企画した。学校から歩いて二〇分ほどで繁多寺に着くが、その境内裏から標高二七三メートルの淡路ケ峠へ向かう山道がある。頂上には立派な展望台があり道後から重信まで松山平野を一望できる。

十一月中旬、授業時間を夕方に変更して五五名の学生と淡路ケ峠へ向かった。麓までは散歩気分で賑やかに歩いていたが、登り始めると草木を分けての急坂となり、皆、黙々と登る。学生にとっては夕方の山登りは不安な山岳探検に思えたかもしれない。

学校を出発して約一時間後、先頭集団が頂上に着いた。学生たちは息を切らせながら次々と到着し、展望台に上ると疲れを忘れて歓声をあげながら松山平野を見下ろしている。

太陽は空を茜（あかね）色に染めて伊予灘に近づいている。暗くなり始めた街並みではビルに明かりが点き始め、小さく見えるデパート屋上の観覧車は急に輝きを増してはっきりする。学生は、携帯で

淡路ヶ峠の展望台

記念撮影する者、遠くを指差して何かを探している者、手すりにも垂れて物思いにふけっている者と様々だ。

しかし秋の日はつるべ落とし。日の入りを見届けるまで居ると、一挙に宵闇が濃くなり樹林に囲まれた山道は足元も見えないほど暗くなる。残念だが学生をせきたてて下山を急いだ。

（愛媛新聞　二〇一一年二月三日付　四季録　修正）

19　お昼ごはんは雑草

「授業が始まる前に校庭から美味しそうな雑草を一人五種類ずつ採ってくること」との課題を教室入り口に掲示した。

教室に行くと学生達は、「ええっ、まさか食べるの?」と戸惑いながらもナイロン袋には柔らかそうな葉が入っている。見ると有害なものはなく、学内では除草剤など農薬も使用していない。

早速、私が事前に用意した雑草と一緒に水洗いして、フライヤー(電気揚げ物器)で天ぷらにした。

雑草天ぷらが揚げあがっても、彼女達はなかなか口にしない。そこで体育系の学生に薦める。食欲の塊のような彼女は一口食べるなり「美味しい!」この一言で皆、恐る恐る口にし始める。

食べてみると雑草と言えども美味しいもの。オオバコの葉はポテトチップみたいで絶品だし、カラスノエンドウの若い葉や実はかき揚げにすると美味。アザミは葉のトゲも柔らかくなり、程よくアクが抜けて、居酒屋メニューに加わってもいいほどだ。つまりほとんどの雑草は天ぷらにすると食べられる。

以前、ゼミの授業で「初夏の雑草会席」をした。お品書きも用意した。天ぷら盛り合わせ(オオバコ、ユキノシタ、クサマオ、クズの若枝など)、胡麻(ご)和え(ハコベ、ナズナ、ヨメナ、カラスノエンドウ)、酢味噌和え(ノビル、スベリヒユ)、雑草サラダ(タンポポ、スイバ、カタバミ)、刻み野草のまぜご飯(レンゲを散らして春の田んぼ風)、お澄ましにも野良生えのセリを入れ、デザートには朝採りのクサイチゴ。飲み物は昨秋採ったジュズダマのお茶。こうなると雑草もりっぱな食材である。スーパーマーケットで野菜を買うのがもったいなく思えるかもしれない。

雑草には漢方の生薬や民間薬として使われるものも多く、体にも良いはずだ。何よりも土と水と太陽からの「気」を受けて逞しく育っているので、食することで身体に大自然の「気」を受ける感じがする。

雑草の天ぷら

彼女らは、これからは雑草を見ると「あの草は美味しかった」とか「あれは食べられるのだろうか」という新たな見方が加わったことだろう。ただし不用意に他人に言うと「雑草を食う女」と誤解されそうだ。ともかく自然と親しむにはいろんな方法があるものだ。保育者養成の授業だから出来ることであるが。

(愛媛新聞　二〇一一年四月二十一日付　四季録　修正)

20　オケラの季節

童謡「手のひらを太陽に」は「僕らはみんな　生きている　生きているから　歌うんだ…」と始まる。四十年以上前にNHK「みんなの歌」で有名となった曲だが、今でも幼稚園や小学校でダンス曲としても使われているので聞き覚えある人も多いだろう。

作詞者のやなせたかし氏（故人）はこの曲に「○○だって　生きている」と、あえてごく普通にいる「虫けら並みの生き物」を登場させている。ミミズ、オケラ、アメンボ、トンボ、カエル、イナゴ、カゲロウなど九種類である。

ところが多くの若者はオケラを知らない。オケラは土の中に住むコオロギに似た虫で、前脚を器用に使って穴を掘りながら草の根やミミズなどを食べる。初夏、ジーとかビーとか鳴くが、昔から「ミミズの鳴き声」とも言われている。

若者はオケラをどんな生き物と想像しているのだろうか。たまたま取材に来た某新聞社の若い女性記者に想像で描いてもらった。五本足でトンボに似ている。まあ遠からず、だろう。なにしろ保育歴十年の卒業生が描いたオケラ図は八本足のコロッケだったし、教員志望の某大学理学部の男子学生に至ってはどう見ても深海魚である。

若い世代にはオケラどころかイナゴもカゲロウも知らない人が多い。これらの生き物は少なくなったが居なくなったわけではない。「知らない」というのは、居ても気がつかないか、単に虫として見るだけで記憶に残っていないからだろう。

若い人はオケラもカゲロウも知らずにこの歌を聴くことに、違和感を感じることはないようだ。たぶん「知らないことは聞き飛ばす」ことが出来るのだろう。

「知らない部分を無視する思考回路」は活字を読む際でも同様である。学生の中には、文中に登場するカエデもツツジもフジも実物が分からないと答える人がすくなからずいる。それで文章の脈略は理解出来るとしても彼らが想像する情景は味気ないものとなるであろう。

環境が変わり自然体験も少なくなるなかで童謡だけでなく文学においても、「想像する情景の世代間格差」はますます拡がっている。

ある夜、研究室を閉めてキャンパスを歩いているとジーという虫の鳴き声がした。音を頼りに近づくと花壇の土の中から聞こえる。オケラの鳴く季節になった。


（愛媛新聞　二〇一一年五月十二日付　四季録　修正）

オケラ

21　名を知るは愛の始め

四月初め、保育者養成の授業で「雑草の標本作り」の課題を出した。身近な雑草三十種以上とし、そのうち十種はハコベ、ナズナなどを指定した。

課題を聞いた時の学生の感想は、「面倒くさい、嫌だ、無理だ、不安だ」など。これほど全員が拒否感を示す課題も少ない。ところが提出日に聞いた感想には「達成感」が多かった。確かに、卒業後も話題となるほど「印象深い課題」には違いない。

嫌であっても、この課題を提出しないと単位が取れない。しかも必修単位である。若い女性が草むらに立ち入って草を探すのは恥ずかしいのか、友人と一緒にあるいは家族に協力を求めて、しぶしぶ雑草集めを始める。

ところがいざ始めると多くの学生が雑草集めにハマる。さんざん探しまわって指定の草が見つかった時は「やった」と感激するみたいだ。しだいに学生の雑草に対する気持ちも変化する。「道を歩きながら道端に咲く草の花を見ると、つい立ち止まってしまう」「虫もいるし、始めは嫌で恥ずかしいと思っていたけど、小さな草でも花をつけているのを見ると愛らしいと思うようになった。そして草集めが楽しくなった」。

持ち帰った雑草は、新聞紙に挟んで数日間乾燥し、図鑑で名前を調べる。この作業がもっとも時間と手間がかかる。不思議なもので学生の会話にも雑草の名前が多くなり、ナガミヒナゲシとかツタバウンランなど最新の帰化植物の名前がさらっと口に出る。

この課題は他人の協力もＯＫとしたが、本人よりも家族が夢中になることもある。普段はほとんど会話のない父親が仕事現場で雑草を見つけてくれたとか、田舎の祖母と一緒に畔道を歩きながら草花あそびを教えてもらったが聞いた草の名は方言ばかりで図鑑に載っていないので苦労したなどの感想があった。

田んぼで生き物を探す子どもたち

雑草たち、彼らは「名もない草」と見なされ、勝手に生えたというだけで抜かれる運命にある。畑や花壇に生えたのなら抜かれても仕方ない。しかし庭や校庭の片隅に咲く雑草がどんな悪さをしたというのだ。

視線を低くすると雑草は皆、個性的で、その花は精緻で美しい。どの草にも春は巡ってきて、何十年も見ていたはずなのに、私たちは足もとで密かに咲いている草の名前をどれほど知っているだろうか。

（愛媛新聞　二〇一一年六月九日付　四季録　修正）

22　ダンゴムシ検定

以前、数年間、「ダンゴムシ検定」を実施していた。第一回検定では松山市近郊の二十歳の学生から年配の人まで一五〇名以上が受験した。ほとんど保育関係の女性である。

出題は十二問で、六問以上の正解で「ダンゴム士三級」が取得できる。十問以上の正解だと一級となる。問題は「足の数は？（十四本）」「糞の形は？（四角形）」などだが、ダンゴムシをじっくりと観察していないと解けない。ある年、幼稚園の年配の先生数名が「ダンゴム士一級」に合格したがもちろん履歴書には書けない。

この検定は「ご当地検定ブーム」に便乗して「日本ダンゴムシ協会愛媛県支部」が独自に認定するものだ。この協会は東京の児童館に勤める宮里和則（みやざとかずのり）氏がネット上で提案したもので、メールで愛媛県支部を作りたいと申し込むとすぐに「いいですよ☺」と返信が来た。

主な活動は検定の他にダンゴムシレースがある。まず戸外で元気そうなマイ・ダンゴムシを探す。レース場は直径三〇センチの円を書いた紙だ。円の中心に選手を入れた紙コップを伏せて置く。紙コップを取るとレース開始となり、円の枠を越えた順番を競うのだ。以前、気付かずにベンジョムシ（ワラジムシ）が出場して優勝したことがある。

ダンゴムシは正式名をオカダンゴムシという。虫と名がついてもカニやエビの仲間で、明治時代にヨーロッパから渡来した帰化動物である。体に触るとあわてて丸くなり、しばらくすると周りの様子をうかがいながらオズオズと足を出す仕草はなんとも愛らしい。

どこにでも居て危険のないダンゴムシは、子どもたちにとって永遠の遊び相手なのだ。もっともダンゴムシにすれば、瓶に詰め込まれたり、ポケットごと洗濯されたりと、子どもは最大の天敵に違いない。

保育科の付属幼稚園では植木鉢やプランタの位置が毎日のように移動している。子どもたちがダンゴムシを探しまわったのだ。子どもがダンゴムシを集めることだけに夢中になったとしても、それは自然の世界を探検するためのパスポートみたいなものだ。やがて子どもたちがダンゴムシの動き方や体の模様に目を凝らすとき、ファーブルが庭でベッコウバチを見つめていたのと同じように、この小さな虫から生命の不思議さを感じているのだろう。


（愛媛新聞　二〇一一年六月十六日付　四季録　修正）

ダンゴムシ　レース場
JDAK-Ehime JDAK-Ehime
日本ダンゴムシ協会　愛媛支部

ダンゴムシレースの会場

23　タヌキ油と生物多様性

高知自動車道は四国山脈を全長四キロメートル以上の笹ケ峰トンネルで抜ける。そのトンネル近くの山並みの一角に佐々連尾山（一、四〇四メートル）がある。

以前、四国森林管理局の調査でこの山に登った。スギ・ヒノキ植林を広葉樹との混交林にするための基礎調査である。先導するK氏はヘルメットを被り、腰には鋸と鉈をさげ、地下足袋でスタスタと山道を登る。見るからに山仕事の達人である。

休み時間のたびにK氏からいろんな話を聞いた。雨でも焚き火が出来る木、喉が渇いた時に切ると水が滴る木など、どれも興味深く私にとっては次の休み時間が待ち遠しかった。

圧巻はタヌキ油の話だ。以前からタヌキ油の噂は知っていたが本人から聞いたのは初めてだ。タヌキは冬に捕れたものがいい。まず毛皮をつるりと剥く。中身の肉の周囲には冬越しのために蓄えられた白い皮下脂肪が付いているので、それをこそぎ取り、鍋で数時間ゆっくりと煮詰めると黄土色の軟膏状となる。これを瓶に詰めて冷蔵庫で保管するのだという。

タヌキ油は切り傷ややけどに塗ると驚異的に効き、飲用すれば風邪知らず、胃潰瘍知らずと言われる。高知の山里では「健康のため一年に一度はタヌキの油を飲め」と言われるほどの常備薬で、冷蔵庫にあるだけで安心だそうだ。スプーンにとって口に含むとすっと溶けて特有の臭みも慣れれば濃厚なナッツのような味らしい。

高知市の日曜市や道の駅ではタヌキ油に限らず、乾燥マタタビ、サルノコシカケ、ウラジロガシの葉、山椒（しょう）の擦りこぎ棒など様々なものを売っている。若い人には民俗資料館の展示物に見えるかもしれないが、それらは先達から伝承された、生きる為になくてはならない生活の知恵だったのだ。

今、巷（ちまた）では「生物多様性」の言葉が旬である。多くの生き物を残せ、それらの住処や固有の遺伝子を守れと「生物多様性」は訴える。

しかし私たちの先達は何百年もずっと生き物を守っていた。タヌキが居なくなってはタヌキ油が作れない。丈夫な樫（かし）の木がないと鍬（くわ）の柄が作れない。山に生きる様々な動物や植物を生活に利用することでその生き物の大事さを知り、絶やさないように工夫していたのだ。生き物たちを利用することとその業（わざ）を受け継ぐこと、これも「生物多様性」を守る一つである。

（愛媛新聞　二〇一一年八月四日付　四季録　修正）

高知市の日曜市で
売られていたタヌキ油

24 GOKIBURI

学生が笑い話のような体験を話してくれた。

深夜、彼女の住む学生用マンションの隣室から悲鳴が聞こえた。「きゃー、近寄らないで。だめ、こっちに来ないで」彼女は聞き耳を立てながらどうしたらいいものかと案じた。合意の痴話騒動かもしれないと迷いつつ、意を決して一一〇番通報。まもなく駆けつけた警官がドアを開けると悲鳴の主が指さしたのは部屋の隅にいるゴキブリ。

ゴキブリは国民的な嫌われ者である。どこが嫌と問われても、黒光りして平べったくて、不潔そうで、台所をサササツと走り、突然、飛ぶし…ともかく生理的拒否反応なのだろう。

しかし、反論を承知であえて言うと、ゴキブリは思われているほど悪者ではないようだ。ゴキブリは本来、清潔な生き物で、自ら皮膚に殺菌効果のある物質を分泌していて、その体に雑菌が付いているといっても「人の洗わない手」だって似たもの。蚊のように刺すわけでもない。ゴキブリが嫌われる原因は多分に、姿や動きが人間の感性に合わないことだろう。もし白くて丸みを帯びていたらこれほどまでに嫌われただろうか。

ところが先月、ある高校の授業で生き物の好き嫌いを質問した際、大部分の生徒がゴキブリは嫌いと答えたなかで二人の女生徒が「ゴキブリは嫌いではない」に手を挙げた。彼女たちはゴキブリが好きではないかもしれないが、生き物に対する拒否感は人それぞれなのだ。

ゴキブリは江戸時代に渡来した南方系の外来種だから寒さに弱い。北海道出身の同僚は高校生まではゴキブリを知らなかったという。彼は東京の大学に進学してアパート暮らしを始めた時に初めてゴキブリを見た。その時、彼は「大きなコオロギ」と思ったそうだ。先入観なく見ればゴキブリだって可愛いかもしれない。

外国ではゴキブリには好意的な場合が多いらしい。イギリスではゴキブリは家の守り神として引っ越しの際には連れていくそうだ。また大型のゴキブリはペットとして人気がある。

北条鹿島で撮影した在来種のサツマゴキブリ

結局、生き物に対する好き嫌いは、子どもの時に周りの大人の反応によって刷り込まれた場合が多いと思う。大人になっての虫の好き嫌いはそれでもいいが、せめて大人の都合で子どもに虫嫌いの先入観を持たせたくはないものだ。

（愛媛新聞　二〇一一年八月十一日付　四季録　修正）

25　栗田樗堂の見た初夏の景色

大日本帝国陸地測量部が明治三十六年（一九〇三）に測図した五万分の一地形図「松山」を見ると、庚申庵の名前はないが、大林寺の地図記号卍と西堀端通りからほぼ庚申庵の位置が特定できる。当時、庚申庵の西側には道後鉄道の線路があり、鉄道より西側は大峰ヶ台の丘の麓までずっと田んぼで、民家は大峰ヶ台の麓に点在するのみであった。そこで地形図を眺めながら樗堂が庚申庵を作った寛政十二年（一八〇〇）当時の風景を再現してみることにする。

五月頃、平地は大部分が田んぼであり、田植え前の田んぼでは麦が黄金色に色づき始めていただろう。米の多くは年貢となるので農民の主食は水田の裏作の麦や畑で採れる雑穀だった。レンゲが緑肥として広まったのは江戸時代の終り頃であるのでレンゲはまだない。

しかしこの一帯は宮前川の扇状地である。河川沿いの低地では、点々と年中、水が引かない田んぼ（湿田）があり、そこでは裏作は出来ない。そのような田んぼではキツネノボタン、コオニタビラコ、ムラサキサギゴケなどが色とりどりに咲いていただろう。湿田の一部は蓑や菅笠などの材料となるカサスゲの生える菅田として残されていたかも知れない。

田んぼの中には人一人が歩ける狭い農道や荷車が通れるほどの道が延びていた。道沿いにはゴミがまったく落ちていない。当時、ゴミと呼べるもの自体がなかったからだ。しかも畦も道沿いも頻繁に草刈りされていただろう。ススキやチガヤなどは牛の餌や田畑の肥料として刈られ、ヨモギやヨメナは株元の若葉が摘まれて食用となった。畦や路肩はツクシ、ホトケノザ、ハコベ、ドクダミなど多種の草が生えていて、その多くが食用か薬用となる。タンポポは白花のシロバナタンポポだけである。黄花のセイヨウタンポポはまだ渡来していない。

　田んぼの横には小川が流れていて、水際にはセリやオオバノタネツケバナ（テイレギ）が生え、田植え頃にはノハナショウブが咲いていただろう。川にはフナ、メダカ、ナマズ、ドジョウなどが、川底の砂地にはシジミなどがいて、どれも食用となる。川と田んぼの水位差はあまりないので、田植えあとの田んぼではナマズやメダカが産卵し、ヌマガエルやトノサマガエルもいて賑やかだったろう。ただしアメリカザリガニとコイはまだ持ち込まれていない。

　遠くには大峰ヶ台の山が見える。その山裾ではナノハナ（アブラナ）の黄色が畑を彩っていただろう。タネから採れる菜種油は行灯（あんどん）の燃料として貴重な換金作物であった。今でもナノハナを見るが、それは明治時代以降に導入されたセイヨウアブラナである。竹林も部分的に見られる。モウソウチクが渡来したのは江戸時代末期だからマダケの林だ。タケの細長く裂けて柔軟で強靭（じん）な特性は日常道具には欠かせない材料であった。山の中腹以上は頻繁に煮炊きの燃料や田畑の肥料を持ち出したせいで、貧弱なアカマツ林だったと思われる。秋にはマツタケは豊富に採れたであろう。

樗堂も見たであろう当時の田園の風景は、今よりも遥かに多くの生き物が棲んでおり季節毎の色彩の移り変わりも多様だっただろう。

第二章　先人の知恵と技

1　蘇えった木造校舎

二〇一〇年の春、伊予市上灘にある翠小学校を訪れた。高台から見下ろすと上灘川の明るい谷間に赤い三角屋根の校舎が目を引く。校舎は昭和七年（一九三二）完成というから現役の小学校校舎としては県内最古である。

木造の小学校校舎は年配の人にとっては懐かしい思い出があるだろう。しかし一九六〇年以後のベビーブームによる教室不足で多くが鉄筋コンクリート造に建て替えられた。山間に残っていた木造校舎は児童数減により廃校となったものも多い。

翠小学校も老朽化や耐震性の対応から改築が迫られていたはずだ。児童数は三十名足らずだから他校への統合が検討されていたかも知れない。

時代が幸いした。近年、文部科学省は木造校舎の教育上・健康上のメリットを認め、全国で木造校舎の建設を積極的に進め始めていた。林野庁も国産材利用の面から木造を推進した。しかし、建設される校舎は新しい木材を使った「新築」であった。

それに二〇〇四年になって温暖化対策や環境教育を担当する環境省が加わった。既存の木造校舎を耐震補強などの改修工事によって延命することで、ライフサイクル CO2 削減と建設資材や廃棄物の軽減ができると考えたのだ。こうして「学校エコ改修と環境教育」事業が始まった。この事業に翠小学校（和田由美子校長当時）が応募した。伊予市や愛媛県も積極的に後押しした。その結果、二〇〇七年度、同校は木造校舎としては初めて同事業の対象に認定された。

しかし現存の古い木造校舎を取り壊さずに再生するのだから設計は容易ではない。快適な居住空間や耐震補強の案がまとまるまでに何度も専門家による検討会をしたという。また環境教育との連動が求められているので、校舎の随所に自然光採光、ソーラーや風力など自然エネルギー利用あるいは自然観察施設などの工夫が盛り込まれている。

伊予市立翠小学校

完成した校舎の外観は古い木造のままである。しかし廊下や教室を歩いて驚いた。新しく見えた木壁は古い木の表面を削って再使用している。柱の途中には真新しい部材が組み木のように入っている。弱くなった部分のみ除いて補強したのだ。

階段は古いままだった。手すりの木目が浮き上がっている。八十年間近くも、子どもたちが階段の上り下りに手で擦ったのだろう。二〇〇九年、喜寿を祝うかのように伊予市は校舎を有形文化財に指定した。

（「文化愛媛」六十六号　木と人間二十七、二〇一一年　修正）

2　面河渓　渓泉亭

石鎚山南麓に四国最大の渓谷と言われる面河渓がある。渓谷入口の五色河原は白い岩肌に青い清流が滑らかに流れる広い川瀬で対岸には亀腹と呼ばれる高さ一〇〇メートルもの断崖が屏風のように聳えている。

渓泉亭はその絶景の地に建てられた木造の洋館ホテルである。建築は昭和五年（一九三〇）というから築八十年以上となる。

このホテルに三十年近く前に一度だけ宿泊したことがある。玄関正面には大広間があり、廊下には赤い絨毯が敷き詰められている。各部屋の照明器具や洋窓は部屋毎に異なる意匠になっている。各部屋には欅、檜、栃、松、栂、樅、塩地、横倉の木（アヤ）などの名前が付けられている。どれも面河渓を代表する天然木である。驚いたのは各部屋の内装だ。柱、天井、調度品に至るまで部屋の名前の木材が使われている。言われて見ると確かに木目や肌触りが異なっている。このこだわりこそ贅を尽くしたと言えるものだ。

次に来るときには別の木の部屋をご利用くださいと言われたが、その後、宿泊する機会もなく、渓泉亭は平成十三年（二〇〇一）に宿泊を廃止した。今では隣接の食堂だけが「面河茶屋」として営業を続けている。

渓泉亭の前身は中川梅吉が経営した亀腹旅館であるが、昭和五年（一九三〇）に現存する洋館に立て直されて「渓泉亭」と名を変えた。昭和十年（一九三五）に鳥瞰絵師の吉田初三郎が描いた「天下ノ絶景面河渓」にもこの洋館が描かれている。昭和三十七年（一九六二）に伊予鉄が伊予鉄面河観光株式会社を設立し渓泉亭を買収して、伊予鉄としては初めての旅館経営に乗り出した。当時、観光人口のバス利用による収益拡大をねらったものであった。現在では久万高原町の指定管理団体として株式会社石鎚観光が運営している。

渓泉亭

先日、渓泉亭を訪れた。面河茶屋の人の案内で屋内に入ったが、床は朽ち始めていて立ち入るには危険な部分もある。しかし渓谷の天然材で作られた柱も天井も当時のままの艶を保っている。ある部屋で鴨居の額に目がとまった。それは「渓泉亭」の墨書で「碧」の署名がある。河東碧梧桐もこの部屋に泊まり面河渓の景色に酔いしれた一人だった。

面河に自生する各種の原木をふんだんに使った内装、大正ロマンの雰囲気をそのまま残した調度品、そして文人が愛した絶景など、渓泉亭は今や文化遺産としての価値が高まっている。

（「文化愛媛」六十七号　木と人間二十八、二〇一一年　修正）

3　肱川の境木

大洲の城下を二分して肱川（ひじかわ）がゆったりと流れている。夏の夜には、漁り火（いさ）を灯した何十艘（そう）もの鵜船（うぶね）が鮎（あゆ）を追う。中秋には石河原を座敷として、名物の里芋を炊きこんだ「いもたき」の宴が開かれる。これらは水郷の町、大洲の表看板だ。

しかし、水郷と言われる町には、必ず、水害の悲惨な歴史が隠されている。しかし人々は洪水に苦しめられながらも、一方で洪水と共存するための知恵を身につけてきた。その一つに境木（さかいぎ）がある。

肱川が氾濫するとあふれた濁流はまずエノキやムクノキの河畔林と密生した竹林で流木が捉えられて水の勢いも押さえられるが、泥水はそれらをくぐって畑地に流れ込む。すると泥が一帯に堆積して畑の境界が分からなくなる。そこで各畑の周囲に点々と木（境木）を植えて境界の目印としていたのだ。木の種類はマサキが多いがヤナギ（オオタチヤナギやアカメヤナギ）やボケも植えられている。マサキやヤナギが多いのは挿し木で活着しやすいし幹がしなやかで水量にも耐えるからだろう。どの境木も低く刈り込まれているのは、畑に日陰を作らないためと洪水に押し流されないためだろう。

ところで境木が見られるのは洪水時に土砂が堆積して出来た微高地に限られている。そこでは用水路による灌漑(かんがい)が困難であり水田には向かない。だが洪水のたびに肥沃な土壌が運ばれるのでこれが肥料となり連作障害を防止するので野菜栽培には好都合であり、「大洲の野菜は洪水が作る」といわれるゆえんである。

現在、境木が集中して見られるのは、大洲の市街から肱川を少し下がった若宮(わかみや)地区と馬木(うまき)地区である。そこは広大な野菜畑となっており、ダイコン、サトイモ、ゴボウ、ハクサイ、ナス、キャベツなどさまざまな野菜が栽培されている。とくに根菜は洪水でも流されることが少なく、肥沃な土を被るのでますます美味しくなる。これが三〇〇年も前から肱川の河原で「いもたき」が行われている一因であろう。

大洲市五郎付近の境木

境木は、かつて肱川の洪水によって繰り返し被害を受けた場所の名残である。しかし、洪水は一方で肥沃な土壌を運んでくれる。古くから肱川とともに暮らした人々は、洪水を恐れながらも、同時に洪水を待ち構えた暮らしぶりをしていたのだ。

（「文化愛媛」三十八号　木と民俗六、一九九六年　修正）

4　ミカン園と防風林

愛媛県は全国一の柑橘（かんきつ）の産地である。柑橘の中でもっとも収穫量の多い温州ミカンの大部分は、八幡浜市、伊方町、西予市、宇和島市など県南部の海岸に面した傾斜地の段畑で栽培されている。

しかしそこは海からの強風をまともに受ける急斜面でもあり、段畑の海側に防風林が作られていることが多い。防風林は強風で木が倒れたり、ミカンの実が落ちたり擦れて傷つくことを防ぎ、強風に巻き上げられた海水の飛沫（まつ）を食い止める効果もある。

防風林として植栽されている樹種はイヌマキ、スギ、カナメモチ（品種はレッドロビン）、サンゴジュなどである。これらの樹種に共通するのは、年間を通じて防風できるように常緑樹であること、生長が早くて病虫害に強いこと、剪定に強く剪定後に新しい枝葉を密生させることなどであろう。

西予市明浜（あけはま）町狩浜（かりはま）は石灰岩の白い石垣が累々と築かれ、段畑にはミカン園とそれを守る防風林が整然と拡がっている。防風林の樹種はイヌマキとスギが多い。約七〇センチ間隔で植栽されているが、横枝を繰り返し刈り込むことで、幅約五〇センチほどの枝葉の密集した生け垣を整形している。高さは一・二〜三メートルが多いが、背後のミカンの樹高と同等程度であり、ミカンの生長に合わせて防風林の高さを調整するのだろう。防風林によってミカンへの日差しが多少は遮られることになる。しかし以前、日当たりを優先して防風林を切ったところ、その後、台風が来て海に面したミカン園では風に巻き上げられた塩分によってミカンが枯れたことがあり、そのことから再び防風林を設けたという。

狩浜ではミカンの収穫を終えた春から初夏にかけて、段畑のあちこちから草刈り機のエンジン音が響いている。ミカン園の下草刈りと防風林の伸びすぎた横枝や梢の刈り込みをしているのだ。

ミカン畑の防風林（西予市明浜町狩浜）

段畑でミカンが栽培される以前はサツマイモ栽培が主流であったが、当時の段畑の写真には防風林は見られない。地を這うサツマイモの栽培には防風林は必要ではなかったと思われる。今では段畑の多くがミカン園となり、ミカン園と防風林が一体となった独特の景観が拡がっている。

（「文化愛媛」七十九号　木と人間四十、二〇一七年　修正）

5　川底に隠されたマツ材　木工沈床

一級河川、重信川は普段の水量は少ないが、高低差の割りに河川長が短いため、降雨がつづくと一挙に増水して氾濫の危険が高まる。そのため重信川を管轄している国土交通省では古くから堤防強化の取り組みを続けている。しかし一九九五年の大雨では補強された護岸が崩れてしまった。激しい流れが護岸近くの川底を削り、護岸が足元から崩れてしまったのだ。そこで「根固め」という護岸基部の河床洗掘を防ぐ工事が続けられている。

二〇一七年十二月に、重信川下流左岸で根固め工の現場を訪れた。河川敷には、マツ丸太を組んで作られた一辺三メートルほどの立方体の木枠、数十基がずらっと並んでいた。丸太の径は二五センチほど、樹齢は四十五年ほどだ。現場の人に聞くと一基の木枠に五十本ほどの丸太を使用するが、幹がまっすぐな材の入手は難しく、今回は長野産の材を使用しているという。

この木枠を五メートルほど掘り下げた川底に並べ、中に砕石を詰めて丸太で蓋をして、その上から礫（れき）をかぶせて埋めもどすのだ。つまり木枠は川底の約二メートル下に沈められているので通常は見えない。それ故、木工沈床と言われる。

根固め工はコンクリートを使う場合が多いが、激流に洗われて沈床が露出した場合、流された礫の衝撃に対しては粘り強度の高いマツ材の方が勝っているという。またマツ材は松脂を含んでいるので沈水環境では腐りにくいという特性がある。数年前に七十年間も川底に埋設されていたマツ材を見たことがあるが、内部はまったく朽ちていなかった。

かつてマツ山は今よりははるかに広範囲に発達していた。一九七五年前後、愛媛県の植生図を作製したが、沿岸部の森林植生はマツ林と果樹園のみといっても過言でないほどだった。それは大昔から、里の人々がマツ林から燃料用の落枝や落葉をもち出し、その繰り返される人為的攪乱によって先駆的群落であるマツ林が持続していたのだ。

重信川の木工沈床

しかし燃料がガスや石油・電気などに移行し人々がマツ林に立ち入らなくなると、林内には広葉樹が生育して暗い林となり、最後はマツノザイセンチュウによる松枯れによって瞬く間にマツ林が減少した。もうマツ林の利用価値はなくなったとさえ思われた。しかし重信川のような暴れ川では、マツ材による木工沈床という伝統的な工法が採用されており、今なおマツ材の価値が残っていることに安心した。

（「文化愛媛」八十号　木と人間四十一、二〇一八年　修正）

6　木を守る人——無事喜地のタブノキ

長浜港を見下ろしながら県道を登ると、やがて道はなだらかになり、山並みに隠されたような無事喜地の集落に着く。ここに大洲市天然記念物「無事喜地のタブノキ」がある。地上一・二メートルあたりの幹周は七・二メートル、樹高約十五メートルであり、株は地上一・六メートルで七〜八本に分かれ、枝張りは四方に十二メートル以上も広がっている。県内のタブノキの巨木のなかではもっとも樹形の見事なものであろう。

七月の暑い日、天然記念物調査でこの木を訪れた。枝下に入ると、まるで巨大な緑陰の傘に包まれたようで吹く風が爽やかだ。タブノキは常緑樹だが、初夏に古い葉を多量に落とす。しかし枝下はきれいに掃かれている。根元には、錆びついた銅鏡が祭られているだけの小祠があるが、お供え物はまだ新しい。

木の背後の大きな日陰は作物の生長を妨げ、根は周囲の田畑に侵入し耕作を不便にしているだろうに、伐られることもなく見事な大木となった。この木は古くから集落の守り神なのだろう。

調査をしていると、一人の老婦人が近づいてきて祠の掃除を始めた。話を聞けば、この木の隣に住む矢野上計子さん（八十一歳、当時）で、嫁いで以来六十年以上もこの木の世話をしているとのこと。その人は木の名前を「ドウネレ」と呼んだ。ドウネレとは、葉や幹に含まれる粘質物を線香の粘結剤に利用したことに由来する南予の古い方言である。

かつてこの集落には数多くの民家があり、棚田や野菜畑が広がっていた。その頃は、年に何回かはタブノキの下に近隣の人が集まって「お籠（こも）り」という宴会が賑やかに催されていたという。片隅にブランコと鉄棒が錆びついたまま残されている。休みの日には子どもたちの歓声も聞こえていたのだろう。

「お籠り」も三十年前ころには行われなくなり、やがて住民の多くが町に移り住み、今では年老いた夫婦だけでささやかな畑を作りながら、ひっそりと暮らしている。

「強い風が吹くと葉が大きくざわめき、枝が落ちるので危なくて近寄らない。若い人はもう掃除しなくてもいいと言うけど、ちゃんと面倒見てあげんといけんと思っとるけん」

住民とこの木の「守りあう関係」は恐らく三〇〇年以上も続いたのであろう。いつの日か老婦人が木の世話を出来なくなった時、枝下は落ち葉が積り草木が生えて藪となり、タブノキもゆっくりと衰えていくのではないだろうか。

掃除を終えた老婦人は「きれいやろ」と言って魅せられているかのように木を見上げた。（「文化愛媛」七十一号　木と人間三十二、二〇一三年　修正）

無事喜地のタブノキ

7　最後の木地師

昔、日本各地の奥山に、大木を求めて山から山へと渡り歩く木樵の集団がいた。里人が近づけない深い山奥に十数年住みついてトチやケヤキなどを伐り、良材が乏しくなると忽然と姿を消して新たな奥山に移動する。彼らは轆轤とよぶ工具を使って丸太から椀や盆のような円形の器（木地）を切り出すことから木地師と呼ばれた。作られた木地は里人に売られ、漆を塗って華やかな町民文化を彩るが、木地師の歴史は久しい間、歴史の片隅で忘れられてきた。

木地師は一、一〇〇年も昔に近江の小椋郷が発祥となり小椋の姓をもって全国に散ったもので、天皇から発行された「御綸旨」を携えており、諸国を自由に往来して八合目以上の奥山の木は自由に伐っていいというお墨付きを得ていた。

愛媛県内にも木地師に由来する地名が点在している。今治市蒼社川や東温市重信川の源流域には木地という地名があり、かつて原生林が広がる異境の地といわれた小田深山には六郎（轆轤の転訛）という地名がありこの地にも木地師が住んでいたとされている。

二十五年ほど前のことだが、木地師の子孫が堂ケ森の山裾、笠方の梅ケ市に居られるとの情報を得て、犬伏武彦さん（古民家研究者、故人）と聞き取りに出向いた。

お会いしたのは小椋玉幸さん（当時、六十歳前後、故人）で父の代まで木地師を生業としていたが、小椋さんの代になると良木が少なくなったとのことだった。ケヤキやトチノキ、ミズナラなどの原木を切り倒し、五～十年放置しさらにいろりや天井に載せて乾燥した。木目が美しくて細工しやすい部分を選んで使ったというが、材料の良し悪しを見分ける技術も先祖から伝えられたのだろう。乾かした丸太は適当な長さに玉切りし、マサカリで粗彫り（あら）して轆轤にかける。轆轤を使用するには、まず軸についた鉄爪に木を打ち付けて固定し、軸に巻き付けた縄を人手や足踏みで回し、刃物を近づけて削り出すのだ。刃物類はすべて手作りであり、そのためのフイゴも残っていた。

木地師小椋玉幸さん（1990年10月撮影）

取材した際に「長いことしてない」と言いつつ、足踏み轆轤で木を削る様子を見せていただいた。小椋玉幸さんは伝統的な木地師の技を受け継ぐ人としては愛媛県最後の人であろう。ヒメシャラの木がザーッ、ザーッと削られていく。そのリズミカルな音を聞きながら、この人に会えた幸運に感謝した。

（「文化愛媛」七十四号　木と人間三十五、二〇一五年　修正）

8　空師

樹齢数百年もの巨木に登り、木の上部から幹や大枝を切り出す職人を空師（そらし）（欧米ではアーボリスト）とよぶ。普通の伐採は根元を切って横倒しにするが、屋敷の敷地や神社境内に生えている巨木の場合は周囲に家屋があり木を横倒しにすることは出来ず、また敷地が狭くてクレーン車が使えない場合も多い。そこで空師の登場となる。

宇和島市津島（つしま）町御槇（みまき）在住の森本英章（もりもとひであき）さんも空師の一人である。普段は自営で農林業に従事しているが、普通の業者が敬遠するような難しい巨木の伐採や剪定を頼まれると、チェーンソーや手鋸とともにロープ類など登攀道具をもって駆けつける。

最初の仕事は木の上部に登攀用ロープをセットすることだ。細ひものついた重りを木の上部の大枝目がけて投げ上げる。重りが大枝の又を越えて下がってくると細ひもを手繰りよせ、太いザイルに換える。これで登攀用ロープがセットされる。

この登攀用ロープをカラビナなどの登攀道具を使って登り、上部に達すると自らの体を固定し、荷揚げ用ロープでチェーンソーなど伐採道具を引き上げるのだ。昔の空師は命綱一本で木に登ったというが、森本さんはツリークライミングの技術を駆使して安全で効率的な登攀を可能としている。

しかし平地でも危険で扱いが難しいチェーンソーを足場の不安定な木の上部で扱わなければならないため細心の注意とともに体力も必要とされる。
また切った大枝や梢をいかに安全に地上に降ろすかも重要な作業である。そのまま落すと隣接する家屋を損傷する危険があるからだ。あらかじめ幹から地上まで斜めにロープを張っておき、切り取る枝にもロープを滑車につけておく。大枝が離れると自動的に滑車に乗って地上に下りる仕組みだ。森本さんは一番緊張するのは切った大枝が幹を離れる瞬間かなと言う。ロープが枝にうまくかかっていないと地上に落下するし、また切り終えたとたんに枝が跳ねたりすると大事故につながるからだ。また自分が剪定した傷口がその後どんなに癒えていくかは木が生きている限り気になりますとも語った。

空師　森本英章さん

空師の仕事は単に大木を切り倒すことだけではなく、シンボルツリーとして見た目に美しい樹形に整えることや樹木医と連携して罹(り)患したり枯損した枝を除くことで木を健康な状態に保つことも大事な仕事である。いわば空師は木こりと庭師と樹木医を兼ねた巨木専門のスペシャリストなのだ。

（「文化愛媛」八十一号　木と人間四十二、二〇一八年　修正）

9　魚付林

西予市明浜町狩浜地区は法華津湾に面した集落である。集落の背後には尾根近くまで、石灰岩の白い石垣で縁取られた段畑が幾重にも連なっている。

狩浜漁港の東端に「だけの鼻」とか「ウド崎」という地名をもつ小島がある。島全体がウバメガシ林で覆われていて、地元では古くから、ここの木を切るとまわりの海で魚が捕れなくなると言い伝えられている。それは今でも受け継がれており、狩浜の人はその林に守られて生計を立ててこられたことに感謝しているという。

この林のように魚の増殖を目的とした林を魚付林という。魚付林の認識は古く、『日本山林史保護林編』（遠藤安太郎編、日本山林史刊行会、一九三四）によれば、天暦年間（九四七〜九五七）に阿波国板野郡の沿岸の村々では魚付の目的でクロマツ林を作ったとの記録があり、宇和島藩でも安政年間（一八五五〜一八六〇）頃には沖の島の御山や外海浦内久良の浦御山などの海浜林を漁労のため禁伐としたとの記録がある。また明治三十年（一八九七）に規定された森林法では保安林の一つとして魚付保安林を定めている。

愛媛県では約一、一〇〇ヘクタール（平成二十六年度）が魚付保安林に指定されているが、いずれも海岸に面する狭い範囲であり保安林全体のわずか〇・八％に過ぎない。

魚付林の効果として、「大言海」によれば「海辺の森林で影が海水に落ち水中暗く魚集まる」とか「森林の虫が餌になるので魚集まる」とされ、また「広辞苑」には「魚類を集めまたその繁殖・保護をはかる目的で設けた海岸林。魚類が暗所を好み、また森林が風波を防ぎ水温を安定させることを利用する」と記述されている。しかしそれらの効果は現実的には多くは期待できないと思われる。

むしろ沿岸の漁獲を上げるには、小魚の餌となるプランクトンを増殖することが必要であり、そのためには川から流れ込む栄養塩類を増やすことが重要である。この意味では河川上流域に豊かな森林が存在することが必要である。本来の魚付林とは、海に面した狭い範囲の森林だけを対象とするのでなく、河川流域全体の森林を含んで考えるべきだろう。

魚付林（八幡浜市）

すでに多くの漁民がそのことに気づきはじめて行動を開始している。狩浜でも平成十二年（二〇〇〇）から「海そう類の森を作ろう」を合い言葉に魚付林の植林を始めている。

（「文化愛媛」七十八号　木と人間三十九、二〇一七年　修正）

10　失われた桃色

興居島（ごごしま）は松山市の北西にある細長い島で、高浜（たかはま）港からフェリーに乗ると十分たらずで島の南部にある泊（とまり）港に到着する。船上から眺めると泊地区の背後に小富士山（こふじやま）（標高二八〇メートル）の端正な姿が目を惹（ひ）き、その山肌は麓から中腹まで一面のミカン園である。

今から一〇〇年以上昔の明治二十八年（一八九五）四月、従軍記者として日清戦争の取材をするために高浜を船出した正岡子規（まさおかしき）も、船上から小富士を眺めたがその印象は今とは異なるものだった。

「鶏（とり）なくや　小富士の麓　桃の花」はその際の句とされている。ちょうどモモが開花する時期である。当時、小富士の斜面には広くモモ園があり、船上から小富士の麓を彩ったピンク色が印象的だったのだろう。モモはソメイヨシノと同じサクラ属の落葉樹で、三月下旬から四月上旬、若葉の展開のまえに芳香のある薄桃色の花を開く。ミカンが常緑低木であるから、モモ園とミカン園では四季を通して風景が大きく異なっている。

今でこそ興居島の耕作地の大部分がミカン園となっているが、本格的にミカン栽培が始まったのは昭和三十年代以降である。それ以前には、温暖で日射の豊富な気候と松山の市場まで近いこともあって、明治時代初めからリンゴ、モモ、ナシ、ビワなどさまざまな果樹が栽培されていた。

なかでも明治時代末から昭和二十年頃まではモモが盛んに栽培されており、「興居島桃」として最盛期には県内産の八割以上を占めるほどであった。戦後、モモの栽培は急減しミカン栽培に代っている。

興居島に古くから住んでいる知人は、子どもの頃（昭和二十年前後）は春になるとモモの花が満開となり、高浜から眺めると興居島全体がピンク色に見えたと教えてくれた。晩春の興居島はさぞかし綺麗だったものと想像される。

興居島支所泊町出張所にある句碑

現在、愛媛県は全国でも一、二を争うミカン生産県であり、果樹園（ほどんどが柑橘園）が全耕地面積の約五〇％（一九八〇年）を占め、沿岸部では九〇％を越える地域も多い。ミカン園にはモモ、ナシ、カキなど果樹園や桑畑から転換されたもの、普通畑や水田が作目転換されたもの、アカマツ林などを農地造成されたものなどなど過去はさまざまである。ミカン園が急増した昭和前半以前にはそこにどんな風景があったのだろうか。ミカン園の年中変わらない緑色はどんな色に置き換わるのだろうか。

（「文化愛媛」五十六号　木と人間十七、二〇〇六年　修正）

11　木製電柱

ある夜、恭一少年が鉄道線路の横を歩いていると、突然、線路沿いの何千本もの電柱が一斉に兵士に変わり「ドッテテ、ドッテテ、ドッテテ」というリズミカルな歌とともに、北へ向かって行進を始めた。これは宮沢賢治（みやざわけんじ）が大正十年（一九二一）に書いた童話『月夜のでんしんばしら』の冒頭のあらすじである。

明治二十年（一八八七）に東京電灯が家庭配電を開始し、半世紀後の昭和初期には全国の電灯普及率は約九〇％に達している。童話の書かれた大正十年といえば、日本各地で電力供給網がすさまじい勢いで拡大しつつある頃である。道路に沿ってドミノ並べのように伸びていく電柱の列は、まさに庶民に近代文明の到達を告げるものであったであろう。家庭用電気使用は白熱灯から始まりやがて真空管ラジオが普及し、戦後になると電気炊飯器が、昭和三十年代には白黒テレビ、洗濯機、冷蔵庫のいわゆる家電三種の神器が普及し始めた。

昭和三十年代までの電柱は木製丸太であった。材には防腐剤としてクレオソートが高圧注入されていて全体が黒茶色であり、古くなるとクレオソートが塊状に浮き出ている部分もあった。電柱には登り下りの足場としてL字形金具が打ち付けられ、上部にはトランス（変圧器）が重そうに載っていた。

その後、耐久性・耐火性に優れたコンクリート製や鋼管製の電柱が採用されるようになり、木製電柱を立てなくなって久しい。木製電柱は年配の人にとって、少年少女時代を過ごした昭和時代の原風景の構成要素の一つなのだ。

すでに平成の時代も過ぎて、昭和レトロの遺物とも言える木製電柱がどれほど現存しているか。各地に行くたびに意識して探して見た。すると意外にも多くの木製電柱が現役として残存していることに気づいた。郊外よりも古い町並みの路地にぽつんと残っている場合が多い。そして木製電柱のある通りには時間がとまっていたかのように昭和の面影が色濃く残っていた。

木製電柱を探していたら意外なところでも目にすることが出来た。撤去された木製電柱は比較的安価でしかも強力な防腐処理がされているため、標識やガーデニング、水路の丸太橋などとして再使用されていたのだ。ただそれが木製電柱だったと気づく人は少ないだろう。

松山市八反地にある木製電柱

※送電線が架かっているものを「電力柱」、電話回線などが架かっているものを「電信柱」というが、本稿では合せて電柱と表現した。

（「文化愛媛」八十二号　木と人間四十三、二〇一九年　修正）

12　マツの樹皮に残る傷跡

二〇一八年四月、植物調査で愛媛県愛南町沖の鹿島を訪れた際に、幹にV字の多数の切れ込みのある立ち枯れたマツを見た。この傷跡は松ヤニを採取した名残りである。

松ヤニからはテレビン油とロジンと呼ばれる天然樹脂が採れる。テレビン油は塗料の溶剤などに使用され、油絵の具の薄め液として知られている。ロジンは常温では黄色みを帯びた半透明の固体で、合成ゴムなどの原料に使用されるが滑り止めとして野球のロジンバックや弦楽器の弓の塗布に利用される。

古くはマツの樹脂が多い根の部分を肥松と呼び、細かく割って束ねたものを松明として神事や夜間漁業の集魚灯として用いられていた。

昭和十六年（一九四一）十二月、太平洋戦争が始まりすぐに南方の油田を確保したものの、戦況悪化とともに石油の内地への輸送が滞り、政府は石油代替えとして日本各地に豊富に生えているマツから油を精製することを決定し、「二〇〇本のマツから飛行機一機が一時間飛べる」との標語のもと国民の勤労奉仕によって全国でマツから油をとる作業を始めた。マツを伐倒して根を乾留する方法と樹幹から松ヤニを採取する方法の二通りがあったという。

西予市明浜町で古老が当時の様子を「大きなマツからは松根油をとった。男の青年団が鋸で松の幹に斜めに何段か切れ込みを入れ、タケの筒を樋にして下に小さなカンカンをつけると油がぽちぽちと落ちる。一晩でまあまあ溜まる。その油を集める作業は女子の青年団の仕事であった」と語ってくれた。

結局、飛行機の燃料とするための精製設備が不足しておりわずかな油しか製造できず、それも飛行機用としては使えるものではなかったという。延べ四、〇〇〇万人とも言われる大量の動員によって、切り倒されたり傷をつけられたマツも膨大な数であったであろう。

樹脂の採取痕（愛南町鹿島）

二〇二〇年、愛媛県森林公園の森の中でも幾筋もの掻き傷がついているアカマツの朽ちた株を何本も見た。すでにコナラやアラカシの林となっており、かつてここがアカマツ林であったことに気づく人はいないだろう。しかし掻き傷のある樹皮の部分だけが七十五年以上を経ても鮮明に残っていた。残り少なくなった戦争の記憶である。

（産経新聞　四国版　二〇一八年四月二十日付
坂の上の雲ミュージアムカフェ　修正）

13　金次郎が背負っていたもの

生き物教室で県内の小学校を訪問する機会が多いが、校庭でしばしば二宮金次郎像を見かける。近代的校舎の前では江戸時代の少年像は少しの違和感がある。そのせいか「小学校の怪談」の一つにもなっている。真夜中のある時間になると校庭を走り回るらしい。

金次郎像の素材は様々だが共通しているのは左手に開いた本を持ち、柴や薪を背負っていることだ。

彼は一体、何を読んでいるのだろう。以前、台座に登って本を覗くと「一家仁　一国仁…」と漢字二十五字が書かれていた。あとで調べると孔子の「大学」の一説である。今なら本を読みながら歩くのは危険だと注意されるかもしれないが。

さて彼が背負っているのは裏山で集めた柴（雑木の枝）や薪である。それは煮炊きの燃料であり日々の生活に欠かせないものだ。父母が野良仕事に出ているとき、おじいさんや子どもは柴集めに山に通ったのだろう。金次郎は幼くして父を亡くした貧農の子であったので、城下で売るために柴を集めたのかもしれない。

薪や木炭は昭和三十年代、ガス、電気、石油が普及すると一挙に姿を消した。木炭は今でもバーベキュー用として販売されているが多くは熱帯のマングローブ材だし、薪は街中では販売店さえ見つからない。

かつて山々は薪や木炭の材料となるナラやカシなどの広葉樹で覆われていた。里山と呼ばれる明るい雑木林である。林内はツツジやスミレなどが色とりどりの花をつけ、若葉や花を求めて多種の虫が集まり、それらは子育て中の鳥の餌ともなる。雑木林にはシカやクマなどの獣も棲んでいた。

里人も雑木林から多くの恵みを受けた。薪炭(しんたん)材だけでなく、山菜やキノコなど食材も各種の薬草も、家屋や生活用具の材も山から調達していた。楮(こうぞ)、三俣(みつまた)、櫨(はぜ)、漆(うるし)、山桑、竹、これらから作られる品々は今では伝統工芸品である。

金次郎が背負っていたもの
（伊予市立翠小学校）

経済的価値が失われた雑木林は伐採されてスギやヒノキの植林となった。残った雑木林は暗い鬱蒼とした照葉樹林に遷移し始めて、日当たりや攪乱に依存した多くの生きものが消えた。さらに森に立ち入る人も少なくなって里山と里人の関係が薄れてしまった。

山から柴を持ち帰る姿が消えたとき、「生物種の多様性」だけでなく「風景の多様性」「技や知識の多様性」「民俗の多様性」までもが喪失した。金次郎が背負っていたものは、里山という「日本文化の多様性」でもあった。

（愛媛新聞　二〇一一年四月十四日付　四季録　修正）

14　葛布作りに挑戦

古代の日本人はどんな布を身に纏っていたのだろうか？綿も麻も日本に自生していない植物であり、絹も稲作技術とともに渡来したものである。文献にはクズやフジ、カラムシなど植物から繊維を取り出して布を紡いでいたという。

そこで二〇〇六年の秋、学生たちと葛布作りを試みた。まずクズのツル集めであるが、河川敷の草むらにはごく普通に繁茂しており、簡単に大型ゴミ袋二個分のツルが手に入った。しかし研究室に持ち帰ってから、糸にするまでの作業は実に大変だった。まず持ち帰ったクズは大鍋で煮たのちそのまま一週間ほど放置した。やがてツルは発酵して柔らかくなり、容易に皮が剥がれた。次に皮をヘラ状の板でしごいて、茶色の外皮と内側の柔らかい部分を削ぎ落すと、細い鉋屑に似た繊維の束が残る。さらに爪楊枝などで幅一ミリほどに裂いて乾かし、それを一本ずつ結び合わせるとやっと織り糸の完成である。綿や繭なら繊維を縒りながら引き出すだけで長い糸が取れるが、クズの繊維は一本ずつ結び合わせて長くするのだ。約二十キログラムのクズのツルから採れた葛糸はわずか三十グラムほどである。しかし出来上がった葛糸は白色で透明感とつやのある素敵な糸だ。

次に平織り機（卓上用）を使って葛布を織る。経糸は葛糸を用いたかったが切れる恐れがあるので化繊糸を使用した。織る作業はたびたび横糸が切れて難航したがなんとか目標の一五センチ×二〇センチの葛布が完成した。週一回のゼミ時間の作業であるが、私を含めて四人で三ヶ月の期間を要しての作業である。完成したときの喜びはひとしおだった。だから昔の人が一着分の布を作るのは相当な時間がかかったであろう。

出来上がった葛布はきめが粗くごわついて、とても市販の布地のようなしなやかさはない。しかしぴんとした硬さがあり、江戸時代には武士の好んだ直線が出せるところから、裃(かみしも)、袴(はかま)などに用いられたそうだ。よりを掛けていない平らな繊維で織られているため日が当たると透明感のある光沢をもつ。

今ではクズは害草とさえ言われるほど繁茂しているが、昔の人にとっては根もツルも大切な生活の材料であった。さほどきれいでもない花が秋の七草に数えられるようになった所以(ゆえん)かもしれない。

（「文化愛媛」五十八号　木と人間十九、二〇〇七年　修正）

なんとか織りあがった葛布

15　葛粉を作ってみた

クズは山野には普通に見られるマメ科の多年草で、万葉の昔から秋の七草の一つに数えられている。この根は年月を経ると巨大に肥厚し大量のデンプンを含むことから、葛餅や葛根湯の原料として利用された。

二〇一八年秋、重信川の堤体強度に関する現場検証に立ち会った。油圧ショベルが堤体の表土を剥ぎ取っていたが、バケットの中の土塊からクズの根（塊根）が見えた。多くの関係者は掘削断面に注目していたが私はクズの根の行方が気がかりだった。作業が終わると早速、積まれた土塊から数本のクズの根を入手した。

初めて手にしたクズの根は肥大した長芋のようだった。冬期にはデンプンが根に蓄積されるというので、念願の葛粉作りを初体験した。まず根を金槌でひたすら叩いて繊維をほぐす。つぎに水の中で揉んでデンプンを出す。水はすぐに茶色になるので沈殿を待って五回ほど水を替えると、やがて水の濁りは少なくなり、底に白っぽい粉が沈殿していた。これが文字通り澱粉（デンプン）である。つぎに濾紙で濾して、二日ほど自然乾燥すると薄茶色の葛粉となる。クズの根は約五〇〇グラムだったが、手に入れた葛粉はわずか十グラムほどで収量は二％。専門業者の収量の一〇％には及ばないが、ともかく自家製葛粉、完成。

さっそく葛粉をお湯で溶いて少しの砂糖を加えて葛湯にしてみた。色は薄茶色でゴボウ臭がしてとても美味しいとは言えないが、野趣風味は満点。しかしわずかな葛粉を得るための作業量は多大だった。店頭に並んでいる葛餅は安価だが、それのほとんどはジャガイモデンプンが原料とのこと、国産の葛粉のみで作る本葛餅は高価だし中国製の葛粉を使っているそうだ。

人類の歴史のほとんどはデンプンを手に入れるために費やされたと思う。絶えずデンプン（ブドウ糖の塊）を補給することは命を維持するために必須だからだ。そのために多くの時間と知恵を使い見渡すあらゆる植物からデンプンを探した。アワやヒエ、キビなど穀物の原種を発見し、冬に地上の植物が枯れたときクズやワラビなどの根を掘って根を叩いて水にさらしてデンプンを取り出す技も発見したのだろう。デンプン粒子は水には溶けず、およそ六十度前後から糊状に変化する特性も重要だった。

採れた葛粉のデンプン

現在、デンプンビジネスは新たな展開をしている。穀物供給は兵器に代る国際的バランスを左右する戦略物質ともなり、一方では生分解プラスティックの材料として環境改善にも役立っている。

（産経新聞　四国版　二〇一八年一月二十六日付
坂の上の雲ミュージアムカフェ　修正）

16　ヒガンバナを齧ってみた

ヒガンバナが一斉に咲いた。それだけで田園風景は一挙に秋色となる。ヒガンバナは日本の秋を演出するには欠かせない花だ。秋の彼岸頃に花茎だけが一斉に伸びて鮮やかな赤い花をつけ、花が枯れるとつぎに葉が伸びて、夏前には葉も枯れて地表から消えるという珍しい植物である。

しかし日本人はこの花を花壇に植えたり生け花に使ったりすることは少ない。何百とある方言名の多くは、死人花や幽霊花など死に因むものと毒花や痺(しび)れ花など毒に由来するものが多い。

ヒガンバナは中国大陸から稲作とともに渡来したが、たまたま日本に来た株は染色体異常（三倍体）で花が咲いてもタネが出来ない。だから日本中に分布するヒガンバナは、もともとはすべて人の手によって球根（鱗(りん)茎）が植えられたものだ。古人が球根を植えつづけた理由には諸説ある。

あるとき球根を掘ろうと移植ゴテを片手に稲刈り後の畦に向かった。いざ掘り出そうとしたが球根が隙間なく密集していて移植ゴテを差し込めない。密生したヒガンバナは雨や踏付けから畦を守りかつ他の雑草の生育を阻止する効果があるのだろう。

やっと掘り上げた球根を川水で洗い、爪を立てて紫褐色の薄皮をむぐ。中身はまるで大きなラッキョだ。有毒と知った上で齧ってみた。クワイのようなシャリシャリ感がある。しかしすぐに強い苦みを感じた。舌を刺すような尋常でないえぐ味である。毒成分はリコリンなどを含み強い毒性があるが、すぐに吐き出せば中毒になることはまずない（真似をしないように）。これではモグラもネズミもヒガンバナの密生地にトンネルを掘るのは嫌がるだろう。ヒガンバナを畦や墓地に植えているのは毒成分でモグラなどを寄せ付けない効果も期待出来そうだ。

ところで一九九〇年頃に岩屋寺（いわやじ）の参道で薬草を売っていた古老が「美川（みかわ）から嫁に来たころは、ときどきヒガンバナを食べていた。短冊に切って流水に晒（さら）してアク（毒）を抜き、餅にして食べたが、決して旨いものではなかった」と話してくれた。ヒガンバナは飢饉（きん）の際の非常食でもあったのだ。トチノキの実やカシのドングリもアクを抜いて食べていたそうだが、いつ掘っても手に入るヒガンバナは重要な救荒食糧だったのだろう。

畦に群生するヒガンバナ

それではと両手いっぱいの球根を持ち帰った。毒成分は水溶性だから、ミキサーで潰し何回も水を替えていると最後に白く沈殿したデンプンが残った。それを眺めながらも、食する勇気はまだない。

（愛媛新聞　二〇一〇年十月十四日付　四季録　修正）

17　ヒガンバナを食べてみた

ヒガンバナは強い毒をもつ植物であるが、飢饉の際には球根（鱗茎）が食糧となったという。いったいどんな味だろうか。一度食べてみたいものだと思っていた。

まず球根の薄皮をとり、短冊に切ってミキサーでペースト状に潰した。それに水を加えて掻き混ぜると、毒成分は水溶性だから水に溶けだし、水に溶けないデンプンは容器の底に白く沈殿する。この作業を十回以上繰り返し、最後にコーヒーのペーパーフィルターで濾して水を切った。ヒガンバナのデンプンが手に入った。

いよいよ調理である。研究室に居合わせたゼミの女学生は「また始まった」と、飽きれ顔で見ている。

まずお好み焼きを作った。ヒガンバナデンプンを少しのお湯で溶いて、油を引いたフライパンに平らに伸ばして焼いた。両面に焦げ目がつく頃には、半透明となり粘りも出てきていい感じだ。食べると歯ごたえはギョウザ皮のようだ。微かに苦味が残っている。決して美味ではないが食べられた。

次に団子に挑戦。ヒガンバナデンプンに白玉粉（米粉）を少し加えて練り、親指大に丸めて熱湯に入れた。浮き上がるとヒガンバナ団子の完成。食感は味のない醤油餅だ。

私の反応を窺っていた学生達も細切れにして恐る恐る口にした。学生にとって彼岸花を食べるなんて、一生に一回の体験だろう。これからヒガンバナを見るたびに食感を思い出すに違いない。「私はヒガンバナを食べたことがある」なんて不用意に言うと周囲が驚くかもしれないが。

ヒガンバナは決して美味ではないが、ドングリやクズの根まで食した日本人にとって、飢饉の際の非常食としては大いに役立ったに違いない。

ところでヒガンバナは山里から徐々に姿を消している。その原因の一つは農地整備だ。古くからの棚田や細切れの田畑は、広い面積に集約されて大型農業機械による効率的な耕作が可能となった。

しかし復元された畦にはヒガンバナは復活しない。日本のヒガンバナは種子が出来ないため、人間が球根を植えることで分布を拡大したからだ。古来、ヒガンバナの咲く田畑の畦や斜面は、キキョウ、オミナエシ、ワレモコウ、ナデシコなどは在来の人里植物の宝庫だった。これらも一緒に姿を消しつつある。ヒガンバナは救荒食糧であったが、今では里の自然度を知る格好の指標としても使えそうだ。市民を募って愛媛県ヒガンバナ一斉調査をしてみようかな。

（愛媛新聞　二〇一〇年十月二十一日付　四季録　修正）

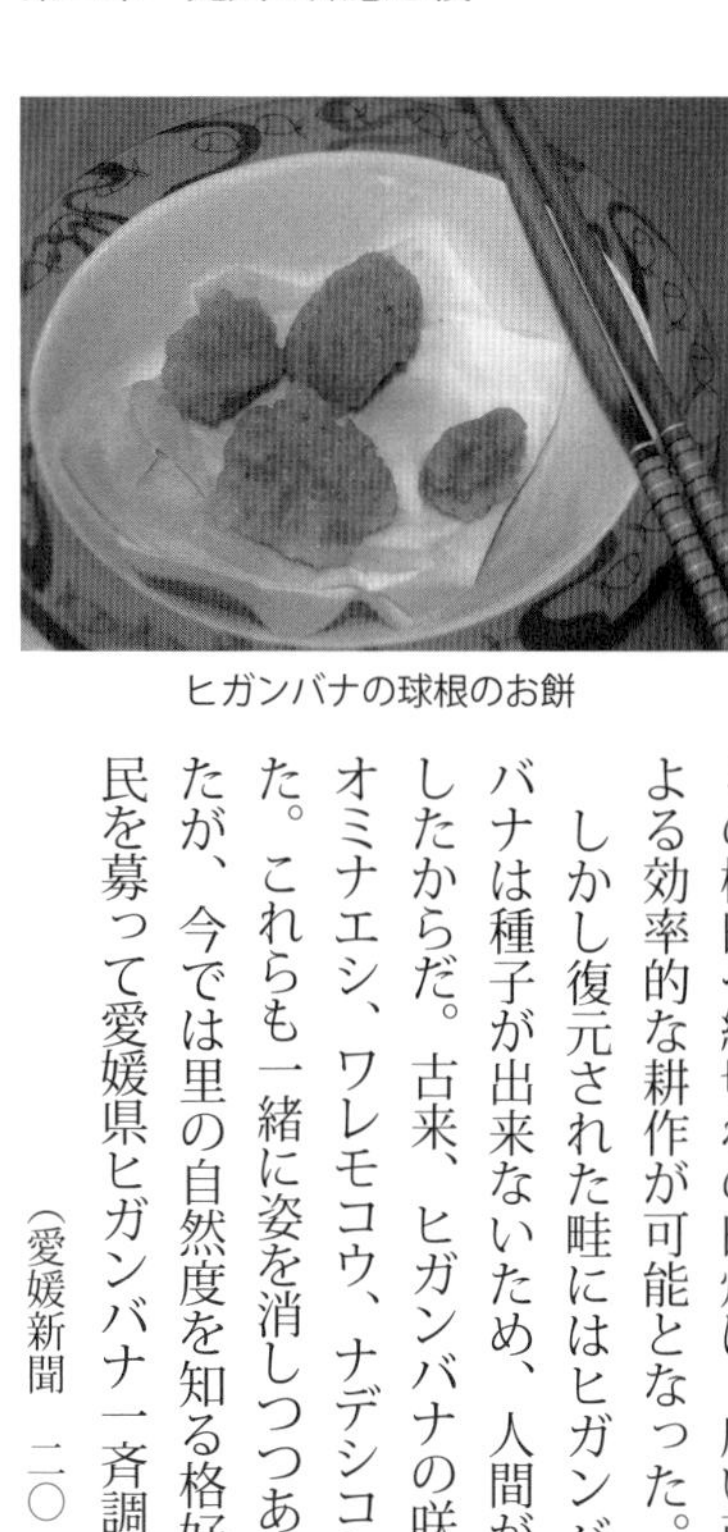

ヒガンバナの球根のお餅

18　ドングリで遊ぶ

毎年秋になると、あるクヌギの大木を頻繁に訪れる。その木が落とすドングリは砲弾型で、他のクヌギのドングリと比べてとびきり大きい。一度で集まるのは一〇〇個程度だが、数日通うと洗面器一杯ほども集まる。夜、静かなときカリカリという音がする。ドングリの中でイモムシ(クヌギシギゾウムシなどの幼虫)が殻に脱出口を開けている音だ。こうして何分の一かのドングリは穴あきとなり使えない。ドングリが少量なら加熱したり冷凍してイモムシを殺虫できるが。

集めたドングリは保育者養成の授業や市民対象の自然観察会などで使う。時には幼稚園に就職した卒業生から一〇〇個単位で緊急注文がある。

ドングリ遊びの定番はコマだろう。まずドングリの平らな部分に爪楊枝を刺すための穴をキリで開けるのだが、これが結構、難しい。ところが最近、ネット通販で「ドングリ穴開け器」なるものが発売された。こんなもん誰が買うのだろうと思っていたが、友人に借りて実際に使ってみると実に便利。安価だしクラス単位でコマ作りをする際には重宝するだろう。

学生にはドングリのヤジロベイや中身をくり抜いたドングリ笛も意外と人気がある。以前はよくトトロ人形を作った。だいたいドングリとトトロは同じ体型だから油性ペンさえあれば簡単に出来る。

ドングリも食べられる。クヌギやアラカシのドングリはアクが強くそのままでは渋くて食べられない。中身を砕いて何回も水に晒しているとアクは流れてしまう。デンプンを沈殿させ乾燥するとドングリ粉の完成である。結構、手間がかかるが、楽しい作業だ。ドングリ粉は薄力粉と混ぜてケーキのスポンジを焼く。その上に生クリームとドングリ粉を混ぜ、絞り袋から搾り出して乗せるとモンブラン風ケーキの完成。これは相当、好評だった。名前はドンブランとした。

街路樹としてよく見るマテバシイのドングリはアク抜きしなくても食べられる。剪定バサミで切って中身を生のまま食べる。食感も味もピーナッツに似ていて、まあまあ美味だ。マテバシイと同類のシリブカガシやシイのドングリもそのまま食べられる。炒るとさらに香ばしいので、野外の観察会ではカセットコンロを持参したこともある。

アベマキのドングリ

だから、もう三十年以上も秋になるとドングリ集めに精を出す。私の前世は野鼠（ねずみ）だったのかもしれない。あるいはドングリを常食としていた古代人の遺伝子が強く残っているのだろうか。

（愛媛新聞　二〇一〇年十一月十一日付　四季録　修正）

第三章　草木のつぶやき

1　天満神社のクスノキ

西条市坂元（さかもと）に、是非見てほしい巨木がある。樹高二五メートル、幹周一〇メートルほどの天満（てんま）神社のクスノキだ。枝葉は自由に伸びて半球状の樹冠をつくり、一本だけで境内を森のように覆い尽くしている。その樹姿は四国一と言われる。

しかし近付いて見ると、遠目の印象と違い息苦しいほどの威圧感がある。根元は溶岩のようにせり出して地を掴み、幹は地上四メートルほどで数本に分岐し、屈曲しながら四方に張り出している。その猛々しさはまるで木の化け物だ。

先日、久しぶりに立ち寄った。梢では幾種類もの小鳥が群れている。目を凝らすと枝葉の隙間から二羽のアオバズクが見えた。この夏、木の洞（うろ）で巣立ったのだろう。彼らは、私と目が合ってもクルリと首を回しただけでじっと見下ろしている。大枝の付け根には腐葉土が溜まり何種類かの雑木が芽生えている。この木は一つの森のように多くの生き物を養っているのだ。

この木の樹齢は過去に伐採されたクスノキの年輪測定値から推定すると樹齢は約九四〇年となる。するとこの木は平安の時代に芽生え、江戸時代にはすでに大木となり、以来、現在までこの地で聳えていたのだ。

過去には幾度も日照りや病虫害で樹勢が弱ったこともあったであろう。隣接する田畑にも根張りだしているだろうし、広い樹陰も農作物の生長には好ましくはないはずだ。大風に飛ばされた枝は時として屋根を傷めるし、落葉の掃除も大変な作業だ。しかし住民は現在までこの木を守りつづけた。長い年月を生き続けた木は、地域の人々にとってきわめて重要な存在であるに違いない。

今まで多くの人がこの木を見つめたことだろう。ときには祈りを託し、悲しみを訴え、喜びを告げて、この木と対峙(じ)したこともあっただろう。遠い地に離れた人にとっても、故郷のランドマークとしていつまでも色あせることはない。

天満神社のクスノキ

日本人は古来から、巨木だけでなく、巨岩、滝など並外れた自然物に神の存在を感じ敬ってきた。しかし巨木への畏敬は単に巨大さだけでなく、長い年月を生き抜き今なお息づいている生命体であることに由来するものではないだろうか。

県内には数百年の樹齢を持つ巨木のなかにはすでに衰弱しているものや枯死したものもある。私たちは巨木に十分な看護が出来ただろうか、最後を見届けたのだろうか。巨木を見るとき大きさに目が奪われて環境のストレスに耐えながら懸命に行き続けている生命体だという認識を失いがちだ。

（愛媛新聞　二〇一一年九月八日付　四季録　修正）

2　各地で増殖する巨大コマツナギ

コマツナギは西日本から中国大陸に広く分布するマメ科植物の小低木で、愛媛県内でもごく普通に生育している。細い茎を束ねて馬のたずなを繋いだことから「駒繋ぎ」と呼ばれるようになったという。初夏になるとハギに似た可憐なピンク色の花を咲かせる。土手や路傍などを好んで生育するが、そのような場所では草刈りが行われており、実際に見かけるコマツナギは地面を這うような形で生育している場合が多い。

しかし最近、県内のあちこちで、高さが五メートル、幹の太さ一〇センチにもなるコマツナギの群生が発見されて話題となっている。この巨大なコマツナギはマメ科を専門とする分類学者によると在来のコマツナギと同一種との見解だが、どう考えても高さは一メートル程度しかならない在来コマツナギと同じ種とは思えない。そこで私たちは便宜的に木立コマツナギと呼んでいる。

木立コマツナギが見つかる場所は最近造成された斜面に限られている。そのため木立コマツナギは斜面保護のために吹き付けられた緑化播種によるものであることは間違いない。

道路建設などによって出現した剥き出しの斜面は早急に被覆して降雨による土壌の侵食を止める必要がある。従来はコンクリートの吹き付けによる被覆が普通だったが人工物は景観的に違和感があるので、近年は植物による被覆、つまり緑化が試みられるようになった。広い斜面では種子をピートモスなど植生基材と一緒に吹き付ける工法が取られている。

緑化に採用される植物は、以前は外来牧草が多かったが、最近はその地域に自生している植物種子を採用するようになっている。愛媛県ではコマツナギやヨモギ、ハギ、アキグミなどが用いられる場合が多い。これらの植物は県内では普通種であるが、その種子を県内で大量に入手することは現実的には困難である。そのため中国大陸などから輸入された種子が用いられる場合がほとんどである。ところが名前が同じ植物であっても日本に自生するものと中国大陸のものでは形態が微妙に異なっている場合がある。実際にヨモギもハギも一見すると郷土種と同じだがよく見るとどこか違和感のあるものが各地で発見されるようになった。

木立コマツナギの花

木立コマツナギの種子も中国大陸に自生する「コマツナギ」から採取されたものであろう。コマツナギという日本古来の名前で呼ばれながら、やがて巨大に生長する侵入者が密かに拡がっている。

（「文化愛媛」五十三号　木と人間十四、二〇〇四年　修正）

3　里の巨人、山の巨人　住民台帳

愛媛県内には多数の巨木が現存しており、数百年を経てなお生き続けている巨木たちは地域の貴重な自然財産である。環境省が一九八八年度に実施した全国巨木調査では、愛媛県の巨木として七八四件が登録されている。しかしこの調査は主に天然記念物や保存木などが中心であった。一九九〇年に出版された『木と語るえひめの巨樹・名木』（愛媛の森林基金）ではさらに詳細な調査がなされ、約一、二〇〇件が記載されている。その後、地域再発見の動きのなかで「さんきら自然塾（八幡浜市）」、「むらの新資源研究会山奥組（西予市野村町）」をはじめ各地で地元の巨木調査がなされている。そこで植生学研究室では平成二十一年（二〇〇九）七月に最新の愛媛県の巨木データベースを作成し、天然記念物のみを表示した「里の巨人たち」のマップも作成した。

一般的に巨木の基準は地上一三〇センチ（胸高）での幹周（周囲）が三メートル以上であるが、ヤブツバキなど樹齢が古くても大径木にならない種類は幹周三メートル以下でも巨木に値する。また名木は幹周に関わらず、歴史的価値や園芸的価値などを持つ木である。

私の愛媛県巨木データベースには幹周三メートル以下や枯死も含まれているが一、七六〇件の巨木・名木が登録されている（二〇二〇年時点）。巨木ランキングでは一位は久万高原町杣野（旧面河村）の「大成のカツラ」であり、幹周はなんと二八・四メートルである。株立ちであり、一本立ちの巨木というわけではないが、対面すると恐ろしいほどの威圧感がある。二位以下は、「生樹の門（クスノキ、今治市大三島町）」幹周一五・五メートル、「三崎のアコウ（伊方町三崎）」幹周一四メートル、「玉取山のカツラ」（四国中央市富郷町）」幹周一四メートルとつづく。樹種ではクスノキ二二八件がもっとも多く、次いでスギ一三七件、イチョウ一二二件、ムクノキ一〇四件、エノキ五四件、ケヤキ四九件となっている。樹齢では、伝承三、〇〇〇年と記されているものがあるが、実際には樹齢三〇〇年から五〇〇年程度が多いようだ。

県内にはまだ未記載の巨木・名木が残っているだろうが、すでに枯れて天然記念物の指定解除となったもの、樹勢が著しく衰えて一枝だけ生き残っているものもある。中には一度もリストに掲載されることなく、枯死したものもあるにちがいない。

巨木データベースは、悠久の歳月を生き続けている「里の巨人たち」「山の巨人たち」の住民台帳である。今後、現状の情報を更新して、より正確な台帳にする必要がある。しかし「衰弱」とか「枯死」を入力する事は残念である。

（「文化愛媛」六十三号　木と人間二十四、二〇〇九年　修正）

面河大成のカツラ

4　最期の一枝

二〇一〇年夏、松山市宮内（旧北条市）にある河野小学校を訪問した際、校庭から民家越しに巨大な木を見た。その異様さが気になっていたが、数ヶ月後、北条地区の地域資源調査でその木と対面した。愛媛県の天然記念物に指定されている「宮内のイブキ」だった。

車を降りて路地を抜けると、原っぱの一角にイブキの大木が聳えている。樹高約二〇メートル、幹周りは五メートルで、太い枝は荒々しく屈曲して四方に伸び、圧倒的な存在感を示している。しかし見るとどこにも葉はなく、枯れ残った白骨木となって立っている。悲しい姿だ。

「指定解除」の言葉が思い浮かんだ。だったら調査する必要はない。天然記念物に指定されながら枯れた木はクロマツを始めとして県指定だけでも二十二本以上もある。その都度、「指定解除」の無念な決定が下され、やがて切り倒される。強風で倒れると危険だからだ。

ところが根元にある解説板は真新しい。松山市教育委員会が数年前に設置したばかりだ。まだ指定は解除されていなかったのだ。

目を凝らすと、梢から横に伸びた枝の途中に緑が見える。五階建てのビルを越えるほどの巨木であるが、上部の枝のたった一ヶ所にだけ葉を茂らせて、まだ生きていた。

土の中でわずかに生き残った根は水分を吸収し、枯れた幹の中に一筋だけ繋がった管を通して梢の葉に届け、葉は日の光を受けて養分を作り、生き残った細胞を支えているのだ。

しかしすでにこの状態では延命処置は難しいだろう。私は「今際に立ち会った」気持ちで写真を撮った。

研究室に帰ってから古い資料を探すと、その木の過去の記録が見つかった。写真を見て驚いた。指定を受けた五十年前にすでに幹の上部に枯れが目立っていたのだ。三十年前の写真では幹の四方に伸びた枝の多くが枯れており、二十年ほど前には葉をつけるのは数本の枝だけとなっている。

イブキは強壮かつ長命な木として有名だ。だからこそ樹勢の衰えが顕著になってから五十年以上も生きているのだ。今は一枝の葉だけとなっているが、天寿を全うするまで、これから十数年以上もしぶとく生き続けるだろう。なにしろ今までに七〇〇年も生きてきたのだから。当時、齢六十が近づいた私が逆に励まされた。


（愛媛新聞　二〇一一年三月三日付　四季録　修正）

宮内のイブキ

5　岩屋寺のトチノキ

岩屋寺の参道から直瀬(なおせ)川にかけての北斜面にトチノキの巨木林がある。幹周五・七メートルの巨木を最大に、幹周三メートル以上の大木が四十本以上もまとまっている。

トチノキの実は、大きくて長期保存ができるので、古来、飢饉の備えとして重要であった。ただアクが非水溶性のため、ドングリ類の中ではもっともアク抜きの難しいものとされている。トチノキの実を餅として食する記録は、美濃(みの)・飛騨(ひだ)地方を中心に自生地全域に点在しているが、愛媛県内での記録は少ない。

もともとトチノキはケヤキ・サワグルミ・カエデ類などと混生して渓谷林を形成しているが、トチノキだけの林は県内には他に例がない。そのためこの林は、実を採取する目的でトチノキだけが人為的に残され、それが寺有林として現在まで保たれたものと考えられる。

岩屋寺周辺で、お年寄りに栃(とち)餅のことを尋ねてみたが、六十歳代の人はまったく知らないか、若い頃に父母から聞いた程度である。

人づてにやっと中川カンさん（当時九十歳）に出会えた。カンさん自身も栃餅を作った経験はないが十二歳前後の頃までは食べていたという。

「お大師さんが、食べるものがなくなったらトチの実を食べろと教えてくれたけんゆうて…実が落ちる頃になると、お寺にいうてから実を拾うんですよ。昔はそりゃあ沢山とれた…囲炉裏というのがあってな、その灰でアク抜きし、木の臼でついて餅にしてな。私ゃあ作ったことはないが、年のいった伯母さんが食べさせてくれた。けんどそれほどおいしいことはない。食べるものがなかった時分でもこれはええとは思わなんだ」

カンさんは、栃餅の他に、ホゴ餅（ヒガンバナの球根から作る）やタケの実も食べたことがあるという。栃餅を作らなくなってからも、岩屋寺の門前では実を牛馬の薬として売っていたそうだ。

トチノキの実

カンさんが最後に栃餅を食べたのは八十年近く前の事だが、岩屋地区で栃餅が作られていたことを実証できる人に出会えて幸いだった。かつてトチノキは、飢饉の備えとして、先祖代々、大切に守られていたのだろう。このようなトチノキの林は各地に存在していたと考えられる。面河村にも一面のトチノキ林があったと言われるが、今では栃原（とちはら）という地名が残るのみである。

県内で、ただ一カ所残っている岩屋寺のトチノキ林は、樹齢二五〇〇年前後の木が多い。すると芽生えたのは、享保（きょうほう）大飢饉の時代だろうか。

（「文化愛媛」三十二号　木と民俗三、一九九三年　修正）

6　クヌギの里親になる

キャンパスの片隅に大きなクヌギが聳えている。毎年、秋になるとドングリを大量に落とす。五月の終わり、その木の根元近くの芝生の中にクヌギが芽生えているのを発見した。あたりを探すと高さ一〇センチほどの幼い苗が幾本も育っている。芝生に埋もれてドングリ拾いの子どもたちの目を逃れたのだ。

しかし稚樹の葉はどれも痛んでいた。学生たちに何度も踏まれたのだろう。しかも数日前、中庭では草刈り機の音がしていた。おそらく数日中には伸びた芝草と一緒にクヌギの苗も刈り払われるはずだ。

なんとかクヌギの苗を助けよう。学生たちと一緒に「クヌギの赤ちゃん救出作戦」が始まった。学生たちは苗を掘りあげて、思い思いの絵を描いた植木鉢に植えなおした。

「ええっ…この木を育てるの？」「毎朝水やりをするなんて無理！」学生たちは戸惑いながら自宅に持ち帰り、突然、その日から「ドングリの里親生活」が始まった。瀕死の幼い苗は自分が手を抜くと死んでしまう。学生たちは持ち帰った一本の苗を懸命に世話した。

しかし一週間後、多くの学生から葉が垂れ下がり茶色になったとの報告。衰弱してからの移植は無理だったのか。そこで葉をすべて切り落として茎から水分が出るのを防ぐように指示した。

もし幹にまだ体力が残っているなら復活するかもしれない。

それから二週間後、学生の一人は「…茎の先から新しい葉っぱが出てきました。それから三日ほど経つときれいに葉を伸ばし『もう元気になったよ』と初めてクヌギが私に話しかけてくれたようでした」と語った。移植したクヌギ苗はすべて生き返って若い葉を茂らせた。

二ヶ月後、学生から届いたレポートには、クヌちゃん、グリコ、どんぐりのすけなどと名前をつけたこと、朝夕に話しかけていること、若葉を赤ちゃんをあやすように触ってあげていることなど、クヌギを愛しむ気持ちが書かれていた。

救出されたクヌギの幼木

嫌々ながら取り掛かったクヌギの里親だったかもしれないが、一本のクヌギの苗は学生たちにさまざまな感動を残してくれたのだ。

私自身はそのことに感動しながらも、いつまでも小さな植木鉢で育てるわけにもいかず定植先を考えあぐねていた。

そんなとき国土交通省松山河川国道事務所が整備を進められていた湿地の復元（広瀬霞（かすみ））がほぼ完了し緑化樹木を探しているとの情報が届いた。早速、許可を得てクヌギ兄弟を移植した。今では樹高六メートルほどになり立派なクヌギ並木となっている。

（「文化愛媛」六十一号　木と人間二十二、二〇〇八年　修正）

7 ソメイヨシノ盛衰

満開のサクラを見ると春爛漫を実感する。サクラは日本の春を代表するとも言えるが、花見で見るソメイヨシノは古くから日本に自生していたものではない。江戸時代の終わりに作られた園芸品種で、江戸の染井村（今の駒込）の植木職人たちが「吉野桜」と名付けて世に広めたものである。その後、古くからのサクラの名所、奈良県の吉野山に群生する吉野桜（これはヤマザクラ）と区別するために「染井吉野」と呼ばれることになったという。

ソメイヨシノが普及する以前は、野山に普通に自生するヤマザクラが花見の対象だった。しかしヤマザクラが葉と花を一緒に開くのに対して、ソメイヨシノは開花時にはまだ葉が展開しておらず、満開となると樹木全体が薄ピンクで覆われる。その絢爛な姿が好まれて今では日本中の公園や校庭などに植えられている。

ソメイヨシノの誕生には諸説あるが、エドヒガン系のコマツオトメとオオシマザクラの交配種との説が有力である。交配種のため結実率が低く、まれに結実しても発芽はしない。そのため、巷にあるソメイヨシノはすべて挿し木や接木で増やしたものである。つまり日本中のソメイヨシノはすべて一本の原木に起源を持つクローンなのだ。遺伝的には同一であるので、同じ場所では一斉に開花し一斉に花が散ることになる。それがまたソメイヨシノの魅力でもある。ソメイヨシノは明治以降、各地に植えられているが、現在ほど広がったのは第二次世界大戦後である。荒廃した国土の復興には華やかなソメイヨシノが似つかわしかったのだろう。

しかし本種には大きな問題があった。それは「六十年寿命説」と言われるように短命なことだ。交配種ゆえの宿命であろうか？病害虫に弱く、多くが天狗巣病（てんぐすびょう）に罹り枝葉が異常に繁茂してやがて枯死する。ただし、早めに病部位を除去したり、花見客に踏み固められた土壌を改良するなどすれば寿命は伸びるものの、県内の幹線沿いにある桜の名所では延命措置が手遅れとなり衰弱した老木を見ることも多い。

天狗巣病に罹ったソメイヨシノ

今、見る桜の多くは戦後、間もなくに植えられたものでそろそろ還暦を迎える頃である。ソメイヨシノを介護しつつ残すか、樹齢の長いエドヒガンやその品種に植え替えるか判断しなくはならない。百数十年来、日本人にこよなく愛され、何度か人生の節目を彩ってくれたソメイヨシノが姿を消しつつあるのは無念でもある。

（「文化愛媛」六十四号　木と人間二十五、二〇一〇年　修正）

8　豊秋河原のエノキ

二五〇年も昔、江戸時代後期、内子町五十崎豊秋（とよあき）の小田川河畔で一本のエノキが芽生えた。エノキやムクノキの大木が茂る鬱蒼とした河畔林の中である。川には、丸太を組んだ筏（いかだ）や木蝋（もくろう）を積んだ川舟が長浜を目指して下っていき、ときに歌舞伎一座が乗った賑やかな上がり舟も見られたことだろう。

エノキの稚樹は幸運にも踏まれることも刈られることもなくすくすくと生長した。七〜八メートルに達した頃だろうか、上を覆っていた母樹のエノキが弱りまもなく枯れ倒れた。空に開いた空間を目指して若いエノキは懸命に伸び上がった。

芽生えて一〇〇年後には枯れた母樹と同じほどの大木となっていた。すぐ川下から土佐（とさ）を脱藩した坂本竜馬（さかもとりょうま）が長浜に向かう川舟に乗ったのはその頃であろう。

その後、明治、大正、昭和と、時が経つにつれて風景は大きく変わった。まわりの木々は枯倒したり伐採されたものの、そのエノキ一本だけが奇跡的に河川敷に残され枝葉を四方に伸ばして聳えていた。

小田川の水量は今よりは多く、増水時には堤防を越えて甚大な被害を及ぼしていた。そのため建設省（当時）は一九八〇年ころから河川改修事業を開始した。洪水から堤防を守るために河川敷を掘り下げる工事だ。当時の法律では河川敷の立ち木は許されない。洪水で流された流木などが引っかかって水をせき止めるからだ。一九八三年に河川敷の樹木の一部が測量のために伐採された。

エノキを守ろう。地元の人たちは保存運動を始めた。当時、ドイツでは本来の自然を残しながら河川工事をする工法が開発されていた。住民は現地に行って教えを請い、建設省に新しい工法を提案した。コンクリートの代わりに自然石を使い、掘削後に元の土を撒いて原っぱを再生するなど昔の自然のままの川を復元する工法だ。

豊秋河原のエノキ（2005 年）

地元の熱意は建設省を動かし、ついに日本で初めての自然を残したままの河川改修が認められた。この工法は「近自然型川づくり」として全国に知れ渡り、やがて日本の建設土木工事全体に大きな影響を与えることになる。

自然に配慮した工事が注目されたのは時代の流れとはいえ、五十崎での住民運動が時代的にその発端にあったことは忘れてはならないと思う。

県内にはエノキの大木は多い。この木は大きさでは決して上位には入らないが、それは関係ない。地元の多くの人にとって大切なエノキなのだ。

（愛媛新聞　二〇一〇年十二月三十日付　四季録　修正）

9　ウツギの季節

五月中旬、山野は穏やかな新緑の時期を迎えた。この頃、山裾ではウツギが一斉に白い花を咲かせ始める。山道ではホタルブクロやノイバラも白い花をつけ、公園ではニセアカシアがたわわに白い花房をつけている。初夏は白い花の季節だ。

ウツギはユキノシタ科（現在はアジサイ科）の落葉低木で、仲間にはマルバウツギ、バイカウツギ、ウラジロウツギなど多種がある。ウツギの名前を持つがヤブウツギやツクバネウツギはスイカズラ科でちょっと縁遠い仲間である。

ウツギの語源には多説ある。茎が中空なので「空ろ木」といい「空木」となったというのが一般的だ。卯月（旧暦四月）に咲く木「ウヅキノキ」が転じたとも言われる。茎が堅く古代には木釘に用いられたので、語源は「打つ木」だとする異説もある。

ウツギは唱歌「夏は来ぬ」にはウノハナとして登場する。「♪卯の花の匂う垣根に…」とは「隣家のおから料理の匂い」と信じていた学生がいた。彼女はウノハナとは健康食材「おから」の別名しか思いつかなかったのだ。ちなみに私も子どもの頃、「夏は来ぬ」を「夏は来ない」と思っていた。ウツギの花には香りはないが花が盛りに咲いている様子を「匂う」と表現するのだそうだ。

ウツギの垣根を見ることは少ないが、ウツギは農耕でも特別な木であった。高木にならず刈りこみに強いので、かつては畑の境木として重要な意味をもっていた。またウツギの開花で田植えのタイミングを計っていたという。西予市などには「ウツゲ（ウツギ）の花盛りが田植えの旬」との諺が伝えられている。昔、植物の開花情報は農作業にとって重要な気象指標だった。

田植え前にウツギの枝で地面を打って「土の精霊」を呼び覚ましたことから「打つ木」と呼ぶとの説がある。ウツギは米粒に似た白い蕾をたわわにつけるので、その枝に豊穣祈願を託したのだろう。四国中央市では田植えの時、花をつけたウツギの小枝を畔に立てて田の神を招く風習があったという。

ウツギは古の人々にとって豊作を祈願する特別に重要な木だったのだ。このことを知る人は少ない。ウツギの花言葉は「謙虚」。花はかすかに黄色を帯びた白色で俯いて咲いている。

（愛媛新聞　二〇一一年五月十九日付　四季録　修正）

ウツギの花

10　悩ましいアヤメの季節

「いずれ菖蒲（アヤメ）か杜若（カキツバタ）」源頼政（みなもとのよりまさ）が鵺（ぬえ）を退治した褒美として菖蒲前（あやめのまえ）という美女を賜ることになり、十二人の美女の中から目指す菖蒲前を選ぶように命じられた際に詠んだとされ、いずれも美しく優劣つけにくい場合の例えとして使われている。

確かにアヤメとカキツバタはよく似ているものの、アヤメは乾いた山野に、カキツバタは湿った水辺にと生育環境は異なり、アヤメの花びらの内側には黄色と紫色の文目（あやめ）模様があるがカキツバタにはないなど形態的にもはっきりした違いがある。

ノハナショウブは生育地も花もカキツバタと同様であり、区別は容易ではないが、ノハナショウブの葉の中央に隆起した筋（中脈）があるのがカキツバタにはそれが無いのが区別点である。ちなみに各地のアヤメ園に植えられているのはノハナショウブを品種改良したハナショウブが多い。また黄色のアヤメ科植物はキショウブという外来種である。

さて菖蒲はショウブとも読むのでますます混乱する。アヤメとショウブは葉だけは似ているものの全くの別種でショウブはサトイモ科で花も地味。

アヤメ、カキツバタ、ノハナショウブのいずれも幾つかの県では絶滅危惧種に指定しているが、自生か植栽かの区別が難しい場合があり、自生が原則である絶滅危惧種の指定を見合わせた県もある。

ノハナショウブは湿地の埋め立てなどで急減しており、愛媛県レッドデータブックは二〇一四年改訂で絶滅危惧ランクがＩＢ類からもっとも絶滅危険性の高いＩＡ類に上げられた。まだ松山市内の某溜め池の岸辺の湿地に数十株の自生株がひっそりと残っている。そこでは数年前からネザサが繁茂したためにノハナショウブが衰弱し始めていた。そこで現地を知る数名だけで毎年、草刈りなどをして自生地を守っている。軽トラでないと通れない山道を辿り、最後は薮を掻き分けて行かないとたどり着けない場所だから盗掘の恐れは少ないが、開花を見ても草刈りをしても誰にも公表できないことが残念である。

自生地で咲いたノハナショウブ（松山市）

まだ県内のどこかにノハナショウブの自生が残っているかもしれないが、自生か植栽の野生化したものかの区別は難しい。ちょうど今頃、山間の放棄水田でノハナショウブの花を見るたびに自生か植栽か悩みながら通過している。

（産経新聞　四国版　二〇一五年五月十五日付
坂の上の雲ミュージアムカフェ　修正）

11　バショウ

夏になるとバショウは葉を重く茂らし、やがて大きな花を垂れ下げる。まれに花の根元にバナナそっくりの実をつける。この木をバナナと勘違いしている人もいるが、実は食べられない。両方とも同じバショウ科バショウ属だが、バナナは別種から作られた染色体異常の園芸品種でタネが出来ない。

バショウの壮大な姿はいかにも熱帯的であり、山里の風景にあっては異質な存在だ。高さは五メートルにも達するが、木ではなく草であり、冬には地上部は枯れる。幹は葉の付け根が長くなって重なり合ってできたもの（偽茎）で、葉を一枚ずつ剥がすと最後に茎はなくなってしまう。このことから「芭蕉(ばしょう)のごとく」という言葉が生まれた。「実体は空なり」の意味である。

中国原産で日本には鎌倉時代に持ち込まれたもので、渡来当時は仏寺に植えられたことから民家の庭では忌まれたとされている。

四十年以上も昔のことであるが、愛媛に赴任した際に中国地方ではあまり見ないバショウが山里にごく普通に点在していることに驚いた。熱帯を思わせる植物が普通に生えているのでさすが南国四国と感激したことを思い出す。

日本では結実するのはごくまれであるから、実生による分布拡大は考えにくい。しかし親株の周りに出来る子株なら容易に移植できる。つまりバショウのほとんどは人手で各地に広がったものであろう。

だとするとバショウの栽培目的は何だろう。松山に赴任して十数年間、バショウを見るたびに疑問に感じていた。しかし、当時はそれを尋ねても知る人はいなかった。ところが十数年たって久万高原町の知り合いから、毎年、盆になるとバショウの葉で招霊棚（しょうれいだな）を作っていると聞いた。竹を柱にして三段の神棚を作り、上二段にバショウの葉を敷いて位牌（いはい）や線香、お供え物を置くのだという。その後、西予市野村町、内子町の小田（おだ）や五十崎でも同じことを聞いた。私の長年の疑問はあっけなく解決した。

バショウ

しかしバショウの葉を盆棚に用いるのは全国的にも珍しいらしい。バショウが西日本に点在することを考えると盆棚以外にどんな栽培目的があったのだろう。沖縄ではバショウ（イトバショウ）の繊維から芭蕉布が織られている。あるときバショウの葉が水に落ちて腐り繊維だけとなっているのを見つけて持ち帰り、乾かして繊維を取りだし、機織り機で紡いでみた。その繊維は弱くてすぐに切れてとても布にはならない。旗竿（ざお）みたいに風に揺らぐ葉を見ながら私の疑問は残る。

（「文化愛媛」三十四号　木と民俗四、一九九三年　修正）

12　再生したウンラン

ウンランは北海道から九州の海岸砂地に這うように生育する小さな多年草だ。海蘭（うんらん）と書くが分類上はランの仲間ではなく園芸種のキンギョソウに近縁のオオバコ科である。東日本や日本海沿岸の砂浜には点々と分布しているが、瀬戸内海沿岸や四国では極めて稀であり、分布の西南限が愛媛県である。しかし愛媛県では新居浜市、東予市、吉海町（よしうみ）、北条市、松山市、伊予市などの古い記録（いずれも旧市町名）があり標本も残っているが、過去五十年以上も存在が確認されず、二〇〇三年に公表した愛媛県レッドデータブック（県ＲＤＢ）では「絶滅」とされた。

ところが二〇〇六年に伊予農業高校の調査チームが今治市織田ケ浜（おだがはま）で偶然にハマゴウ群落のなかに数株のウンランを発見した。絶滅種ウンラン再発見の話題は広く報道され、愛媛県では二〇〇六年にウンラン自生地を特定希少野生動植物の保護区に指定し、生育地への立ち入りを禁止した。二〇一四年に改訂された県ＲＤＢでは、「絶滅」からもっとも絶滅危険性の高いⅠＡ類に変更された。

しかし保護区内では低木のハマゴウやテリハノイバラが繁茂し始めてやがてウンランを覆い隠すまでになっていた。さらにウンランを見ようとする心ない人の踏みつけ被害もあり、ついに二〇一四年春には九株まで減少し、再び絶滅寸前となっていた。そして同年八月、台風が西日本を襲い、その高波を被って自生地のウンランはすべて枯死した。

幸いなことに愛媛県生物多様性センターでは台風到来の前に一株を持ち帰り栽培試験を始めていた。その株は順調に生長し、秋には枝の挿し木によって多数の子苗が確保できていた。

二〇一五年五月、織田ヶ浜に近い富田（とみた）小学校の子ども達が地元の自治会や企業の協力を得て、約三〇〇株の子苗を保護区に移植した。しかしそこは海辺の砂地であり、移植後は晴天が続いたため十日後には半数が枯れてしまった。そこで地元の人が交代でバケツでの水やりを開始した。その甲斐（かい）あって残りの株の多くは深く根を張り、ついに八月下旬には見事に満開の花を咲かせてくれた。なんとしてもウンランを救いたいとの多くの人たちの熱意のバケツリレーがウンランを絶滅から救ったのだ。

ウンラン

（産経新聞　四国版　二〇一五年十月三十日付
坂の上の雲ミュージアムカフェ　修正）

13　マダケの集団枯死

二〇〇〇年頃から県内のあちこちで、立ち枯れして白い幹だけとなった竹林が目に付くようになった。最初はタケの一斉開花があったと思っていた。竹は開花すると竹林全体が枯れるからだ。ところが枯れはじめたタケの枝のあちこちに異様に密集した枝葉の塊があることに気づいた。

これはタケ類天狗巣病の病原菌（糸状菌の一種）に侵されたものである。タケがこの病原菌の胞子に感染するとその部分の成長ホルモンの制御が混乱され、枝葉がツルのような伸長をしたり、一ヶ所から無数の枝が竹箒状に生長したりする。やがて枝葉の量が増加するに従って枝先が重くなるので竹の上部が垂れ下がるようになる。葉がすべて枯れて落葉すると、軽くなった竹が枯れたまま垂直に立つので遠目にも集団枯死と分かる。枯れた竹は強風などで倒れるが、台風後に倒れた竹が道路を塞ぎ通行の妨げとなる事もある。

この菌は罹病（りびょう）した枝が触れ合うことで感染するので一本が感染するとたちまち竹林全体に広がる。また菌が混じった水滴が付着するだけでも発病することから、梅雨時期や台風の時期に飛沫が遠くまで届くことで拡大する。さらに水滴が野鳥の足に付着して近隣の竹林に拡大したとも考えられる。

この病気はマダケとハチクが罹病し、モウソウチクにはごく稀にしか感染しないらしい。マダケは日本自生ともいわれ、主に食用となるモウソウチクと異なり、食用以外に土壁の下地材となる木舞（こまい）や笊（ざる）、団扇（うちわ）、竿（さお）などとして古くから利用されてきた。近年はマダケは材としての利用はなくなり、竹林は放置され林内には竹が過密に生育している。病原菌自体は古くから存在していたらしいから、この密集状態がタケの抵抗力を低下させたとも考えられる。

この病気には薬剤の防除が出来ず、唯一の方法は胞子が拡散する初夏までに感染した枝を取り除き焼却することといわれているが、経済的価値が低下した林であるため人手による手入れが継続して徹底されることは期待し難い。

天狗巣病に罹って異常生長した枝

発生当初は爆発的に拡大することが心配されたが、二〇二〇年時点では全県的に拡大しているものの罹病の程度は場所によって異なっている。道路沿いだけの観察であるが、竹林の四分の三以上が罹病している地域もあればほとんど罹病していない地域もある。また全体が枯れてしまった竹林の近くでもほとんど被害を受けていない竹林など拡大は飛び石的である。

（「文化愛媛」六十二号　木と人間二十三、二〇〇九年　修正）

14　タンポポの咲く頃

野辺ではタンポポの花盛りの頃となった。多くの人がタンポポの花は黄色と思っているだろう。しかし愛南町出身の同僚（六十歳、当時）は「子どもの頃、タンポポの花は白いものと思っていた。教科書に黄色のタンポポが描かれているのが不思議だった」と言った。彼が子どもの頃に見たのは在来のシロバナタンポポだった。一九六〇年代、西四国の沿岸部には黄花のタンポポはほとんど自生していなかった。

西四国の沿岸部に黄花のタンポポが拡大し始めたのは一九五〇年代頃であり、普通に見られるようになったのはずっと後のことである。そのタンポポはセイヨウタンポポやアカミタンポポの外来種である。外来タンポポは六十年間ほどで四国全域に広がってしまった。年代によって見ているタンポポの種類が異なっているのだ。

さてシロバナタンポポは愛媛県と高知県に多いが、香川県と徳島県では比較的に少ない。香川県と徳島県でもっとも多いタンポポは在来種で黄花のカンサイタンポポである。ところがこのカンサイタンポポは愛媛県では生育地が極限されていて絶滅危惧種に指定されているが、城跡など不自然な分布をすることから過去の人為的持ち込みも疑われている。誰もが知っているタンポポだけど、四国だけでも地域によって種類が異なっている。

そこで二〇一〇年から五年毎に西日本の博物館・大学などの呼びかけで市民参加によるタンポポ調査が実施されている。愛媛県では愛媛植物研究会が中心となって実施し、毎回五〇〇名ほどの市民が参加している。年齢は幼児から九十歳を越える人まで幅広い。個人的に参加する人が多いが、学校単位や職場単位での参加もある。市民参加による自然の一斉調査としては県内では最大規模であろう。

カンサイタンポポ（四国中央市）

三回目となる二〇二〇年タンポポ調査もほぼ終了したが、今まで三回の調査で多くのことが判明した。実態が不明だった淡黄色のタンポポがキビシロタンポポであり県内西部沿岸に点在していること、大洲市中心に新たにトウカイタンポポが確認されたこと、存在が謎だったツクシタンポポが確認されたことなどである。また膨大なデータからは全種の詳細な分布図が作成された。

またたくさんの市民がタンポポ調査に参加していただいたが、身の回りの自然に関心を持つきっかけとなっただろう。また家庭や学校・職場でも世代間でも自然のことが話題となったことだろう。これもタンポポ調査の大きな成果である。

（産経新聞　四国版　二〇一六年四月二十九日付　坂の上の雲ミュージアムカフェ　修正）

15　夜咲く花たち

六月中旬になるとネムノキが一斉に咲き始める。夕方のまだ明るい頃、葉は名前の通り閉じてしなだれるが、ピンク色の化粧刷毛（はけ）のような花が一夜だけの花を一斉に咲かせる。ネムノキの仲間のほとんどが熱帯に分布するが、耐寒性の強いネムノキだけが日本まで分布している。ネムノキが暑くなってから開花するのはルーツが熱帯地方だからだろう。

七月半ば、ネムノキの花が終わりに近づく頃、カラスウリが咲き始める。カラスウリは日が落ちて薄暗くなった頃に、裂けたレース編みのような白い花を開く。花の縁は糸状に広がり、まるで歌舞伎の蜘蛛（くも）の巣投げのようだ。夜道でこの花を見かけると妖艶（ようえん）ささえ感じる。翌朝には花はしぼんでいるので見事な花を見る機会は少ないが曇りの朝ならまだ咲き残っていることもある。秋には朱色の楕（だ）円形の実が熟し、中にたくさんの黒茶色のタネがある。タネはカマキリの頭にそっくりだが、昔の人は大黒天（だいこくてん）の持つ「打ち出の小槌（づち）」にも似ていることから、子どもの頃には財布に入れておくとお金が増えると教えられた。

カラスウリの近縁種キカラスウリも同じ頃に花期を迎える。葉に多少の光沢があり実が黄色に熟すことが特徴。地中にジャガイモのような大きなイモができて、天花粉（てんかふん）と呼ばれる良質なデンプンが採れる。テンカフンと聞けば年配の人なら懐かしく思い出すだろう。今で言うベビーパウダーである。

マツヨイグサ（待宵草）やツキミソウ（月見草）も名前のとおり夕方から開花する。夜になると草はらではオオマツヨイグサやアレチマツヨイグサが、砂浜では背の低いコマツヨイグサが咲いている。どれも花色は黄色だが、暗闇の中で見るとその透き通った黄色がいっそう映える。

ネムノキもカラスウリも一個の花は夕方に開花して翌日には散る一日だけの花だ。開いた直後の花にはほのかな芳香が漂う。その香りに誘惑されるのが夜行性のスズメガの仲間である。

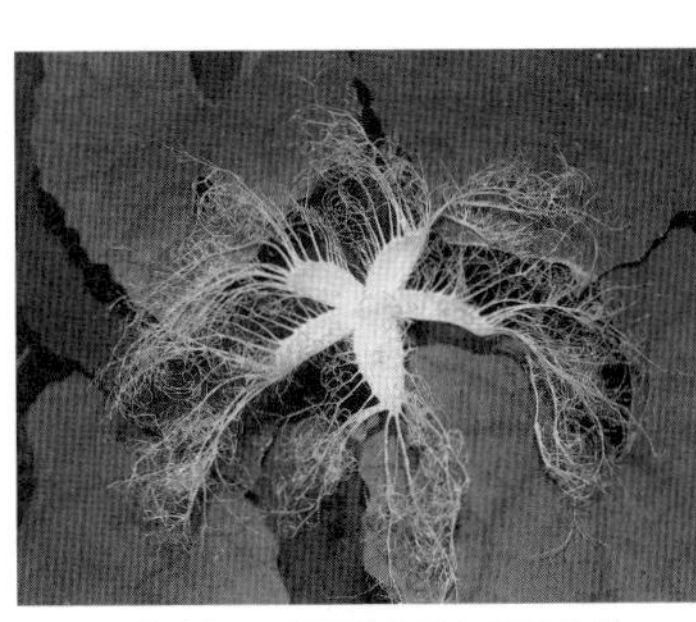
暗くなって開花するカラスウリ

植物が花を開く目的は受粉のために訪花昆虫を誘うためだ。そのために多くの植物はチョウやハチがたくさん飛ぶ昼間に開花するが、昼間はたくさんの花が開いているので訪花昆虫が来る機会も減る。そこで一部の植物は昼間の競合を避けてあえて訪花昆虫の少ない夜間に開花して夜飛ぶ蛾(が)を誘惑する。

（産経新聞　四国版　二〇一六年八月五日付　坂の上の雲ミュージアムカフェ　修正）

第四章　生物多様性の豊かな社会をめざして

1　雑木林に侵入する竹林

竹は、古来から重要な素材であった。強靭でしなやかで、細長く割れて、水にも強いという特性を利用して様々な用途が考案された。竿、笊、籠など日用品、土壁の下地となる木舞（細長い竹を縦横に組んだもの）など建築材のほか、茶道や華道の道具など工芸品などにも使われた。また筍は季節感あふれる旬の食材として、竹皮は包装材として使用された。

普通、竹林を形成する竹は、モウソウチク、マダケ、ハチクの三種類であり、このうちもっとも広い面積を占めるのはモウソウチクである。モウソウチクは今から二〇〇〜三〇〇年前に中国大陸から伝わったもので日本の暖地が生育に適しているのか、西日本を中心にほぼ全国の里山の各地に植栽されている。

しかし愛媛県では一九九〇年頃から竹林の拡大が問題視されるようになった。竹の地下茎は一年間で五〜六メートルも伸びる。周囲のコナラ林や植林、放棄ミカン畑に侵入した地下茎は、母竹から養分を提供されて、暗い林内でもすくすく稈を伸長して、数ヶ月で高さ十メートルを越えるまでに生長する。こうして瞬く間に地上高くに葉を展開し、他の樹木の生長を阻止する。また地中浅くに網目状に根を張るので、同じく根張りの浅いスギやヒノキなどとは根系の競争となり植林の生長も阻害する。竹林の拡大は生物多様性の低下だけでなく水源涵養や土砂崩壊防止など公益的機能の低下も指摘されている。

竹林拡大の原因として竹林の荒廃が挙げられている。一九七七年と二〇〇八年で比較すると国産タケノコの生産量は約九五％減、竹材の生産量は九六％減であり、竹林の需要が急減している一方でモウソウチク林の面積は約一三四％と増加している。その結果、多くの竹林が管理放置され、そのような竹林内では立ち入ることも難しいほど竹が密生している。地下茎が外へ広がるのは、竹林内が過密で栄養不足になったためとも言われている。

植林に侵入したモウソウチク（西条市）

竹林が建築材や竹細工材として経済的価値があった一九七〇年代までは竹林は材の切り出しやタケノコ採取で適切に管理され竹林面積はほとんど増減なかったが、人々が竹林に関心を持たなくなったときに竹林の周囲の雑木林や植林への侵入が始まったのだ。

近年、やっと公的機関による放置竹林の伐採と広葉樹林化が本格化し、また市民参加による竹炭や竹和紙、竹工作などさまざまな竹材の活用の事業が各地で開始されている。竹製品は一挙に安価で大量生産ができるプラスティック製品に替わったが、脱炭素化が緊急の課題となっている現在において竹が再び見直されることを期待している。

（「文化愛媛」五十号　木と人間十一、二〇〇三年　修正）

2 野鳥による「照葉の森づくり」

二〇〇七年の初冬、海浜植物の調査のため宇和島市の南にある由良半島を訪れた。半島は濃い緑色の照葉樹に覆われて、冬鳥たちが盛んに木の実を啄ばんでいた。

半島先端の集落、網代で車を降り、目的地である半島の西側にある無人の浜に向かう。磯伝いには行けないので、網代側の斜面を登り尾根を越えて西側の斜面を下る。途中の斜面は樹高十五メートルほどの照葉樹林で、ヤブニッケイ、ホルトノキ、タブノキ、シロダモ、ハマビワ、クロガネモチなどが混生している。林内に入ると三十度以上の急斜面であるにもかかわらず、斜面全体は狭い段々に区切られており、崩れかけた石垣も残っている。この林は放棄された段畑（段々畑）跡に自然に発達した林だったのだ。

由良半島に限らず、一九六〇年頃の愛媛県の半島や島嶼部の斜面には段畑が広がっていた。先祖代々、斜面を開墾し整地して石垣を築き一段一段と段畑を上方へ拡大し、ついには「耕して天に至る」とも表現されるほどの広大な段畑が成立した。段畑には麦や芋を植え、それらは主食となり、また出荷されて現金収入ともなった。

しかし一九六〇年代になると段畑はイモ畑から需要の増加が見込まれたミカン園に次第に代った。しかしハマチや真珠の養殖漁業が盛んとなった所では耕作放棄された段畑が多い。その後、ミカン需要の低迷が始まり、一九七五年頃をピークにミカン園は減少した。オレンジの輸入自由化もあり、愛媛県のミカン栽培面積は二〇〇〇年には最盛期の四五％ほどまで減少した。とくに島嶼部や急傾斜地の半島部では多くのミカン園が耕作を停止した。

四国沿岸部の原生植生は照葉樹林と考えられており、段畑地域でも大昔はスダジイやカシ類の林であったはずだ。しかし段畑跡に発達した照葉樹林にはシイもカシも見当たらない。

耕作放棄された段畑にいち早く樹木種子を運んだのは鳥だった。やがてヤブニッケイ、シロダモ、タブノキなどクスノキ科やクロガネモチ、モチノキなどモチノキ科、ホルトノキなどの鳥の好む果実をつける樹木だけの林が成立した。またドングリをつけるブナ科樹木が欠落することも特徴である。佐田岬（さだみさき）半島の多くは鳥散布型照葉樹林であり、このような林は全国的にも少ない。県内では「照葉の森づくり」など植樹のイベントが盛んに行われているが、野鳥たちが「照葉の森」復元に果たす効果は極めて大きい。彼らは群れて忙しく飛びながら広大な放棄段畑をわずか二十数年で樹林に変えてしまった。

段畑跡に発達したタブノキ林、
石垣のあとが残っている

（「文化愛媛」六十号　木と人間二十一、二〇〇八年　修正）

3 植樹

二〇一〇年十一月に、三件の植樹の現場を見て複雑な思いをもった。最初は植物研究会の野外観察で今治市笠松山（かさまつやま）を訪れたときのことだ。この山は二〇〇八年に山火事で一〇〇ヘクタールもの森林が焼失したため、翌年から緑化事業が開始され、すでにヤマモモ、スダジイ、ウバメガシなどかつてこの地域に自生していたと思われる樹木苗が植栽されている。ところが尾根の道沿いにはイチョウ、コブシなどが点々と植えられている。地元の小学生の卒業記念植樹だという。将来、郷土種による森が復元したとき、その中に四国に自生しない種や外来種が点在することに違和感がないといいのだが。

その五日後、学生七〇名を連れて大学から歩いて淡路ヶ峠（二七〇メートル）に登った。学生は急登にあえぎながらも頂上に着くと素晴らしい眺望に歓声を上げていた。しかし私は途中の山道沿いに点々と植えられているサクラが気になっていた。それぞれの木には木札が付けられ、子どもの名前と木に対する願いが書かれている。地元の小学生が植えた記念樹だろう。ところが植えられた木の多くが衰弱しすでに枯れたものもあった。サクラの苗木は雑木林や植林の中に植えられていた。サクラは日当たりを好む陽樹である。植樹した時点では上が空いていて日当たりは良かったのだろうが、サクラの生長より早く周囲の樹木が枝を伸ばしてサクラを日陰にしてしまったのだ。「きれいなサクラが咲きますように」と書いた子どもの願いは叶わないかも知れない。
その数日後、ある町の「広葉樹の森づくり事業」に参加した。現地は植林の伐採跡地だ。大人に交じって、緑の少年団など大勢の子どもが、ウラジロガシ、カツラ、エゴノキ、ミズナラなどの苗を抱えて斜面を登り、またたくまに数百本の苗が植えられた。いつか大人になった彼らが再びここを訪れた時には、見上げるほどの広葉樹の森となっていてほしいと願う。しかし現地は土壌の薄い急斜面であり、圃場で育てられた苗が十分に活着し生長を始めることができるだろうか。なにより数年後には背の高い雑草やイバラが繁茂し植樹苗を被圧するだろう。クズなどツル植物が覆うかもしれない。都市公園や校庭の植樹と違って、山斜面の場合は植樹後の数年間の除草などの管理が必要なのだ。

ミズナラを植樹している

山野に植樹することは、森林再生の点からも環境教育の点からも望ましいことではあるが、郷土になじむ樹種を植樹後の保育体制も考えて植える必要がある。

（「文化愛媛」六十八号　木と人間二十九、二〇一二年　修正）

4　湿地を守り継ぐ人々

二〇一一年一月十六日、早朝のニュースはこの冬一番の寒波を報じていた。松山自動車道も積雪で通行止めになっていた。学生を乗せて雪の降るなか水ケ峠（みずがとうげ）トンネル経由で今治市桜井（さくらい）にある蛇池湿地に着いたのは予定の九時を過ぎていた。

　現地ではすでに数台の草刈り機のエンジン音が鳴り響いていた。作業をしているのは、地元の人や今治市役所、ＮＰＯ関係者など四十名以上だ。小学生も大勢いた。

　草刈り機や鎌でヨシを刈る人、それを農用フォークで木道まで運ぶ人、草の束を抱えて木道からトラックまで運ぶ人、それぞれが役割を分担して黙々と作業をする。子どもたちも体が隠れるほどの大きな束を抱えて懸命に働いている。今年は雪が積もっていないので作業は楽なほうと言われても、指先の感覚はすぐに無くなる。

　蛇池湿地は県内では数少ない湿地だ。六十種もの湿地植物が記録されており、そのうち絶滅危惧植物は二六種。一ヶ所にこれほど多くの貴重種が自生する場所は県内では他になく県の天然記念物に指定されている。代表的な植物はサギソウ（鷺草（さぎ））だ。八月下旬にはサギの飛ぶさまに似ている白い花が湿地に点々と咲く。五十年ほど前の地図にはヨシ原を含めた湿地は現在の約九倍も広く示されていた。当時の記録からは、夏には緑の草原が白く変わるほど多くのサギソウが生育していたことが伺える。

しかし周囲の開発や隣接する国道の敷設によって地下水の流入が減少し、過湿だった湿地の乾燥化が進行した。その結果、ヨシが湿地の全面に侵入しはじめサギソウなど草丈の低い植物が被圧され衰退を始めた。今ではヒナノカンザシ、ホザキノミミカキグサなど確認できない種も多い。

湿地を守ろうと一九七〇年頃から地域住民による草刈りが始まった。また地元の高校生と小学生が苗を増殖して毎年数百株を湿地に捕植する活動も続けられている。湿地はその宿命としては縮小し乾燥化が進むことは避けられないが、美しい状態を維持していくには相当な努力の継続が要る。

蛇池湿原の草刈り

草刈りが始まって二時間後、湿地を覆っていたヨシなどの大型の草はすっかり刈られて湿地の姿がくっきりした。搬出された枯れ草は二トントラック十台分ほどもあった。今年も夏になると蛇池湿地にサギソウの花が群れ咲くだろう。冬枯れで訪れる人もない時に、懸命に湿地を守り継ぐ人々がいることを覚えていたたい。

（愛媛新聞　二〇一一年一月二十七日付　四季録　修正）

5　ホタルの舞う里

五月の終り頃はホタルが舞う時期だ。マスコミがホタルの話題を報道し、各地でホタル祭が開催される。

以前、不思議な体験をした。虫好きの友人に誘われて久万高原町の山村に泊まりに行った時のことである。夜、暗い畔道を歩きながら彼の言うままに懐中電灯を点滅させた。すると田んぼ一枚隔てた山際の水路から無数の小さな光が湧きあがり、それが点滅しながらユラリユラリと私たちの方に近づいてきたのだ。やがて私たちはホタル（ヘイケボタル）の点滅で包まれた。

ホタルの雌雄は光で交信しているので、オスがライトの点滅を魅力的なメスと勘違いしたのだ。ホタルはしばらくするとまたユラユラと元の水路に戻っていったが、オスホタルたちには悪いことをした。

この習性を悪用してホタル販売業者は自然発生地でホタルを捕獲する。ライトを点滅させてホタルをおびき寄せ捕虫網で一網打尽にするのだ。「ホタルの全国発送承ります」と広告する業者がいくつもあり、各地の「捕り子」から成虫や幼虫を集めて販売する。発送先は全国各地のホテルや旅館、イベント会場だ。ゲンジボタル三〇〇匹なら十万円以上だろうが、並みのタレントよりも安価で集客力は大きいのだろう。

松山市内の大型スーパーマーケットで「ホタル観賞の夕べ」が催されたことがある。駐車場に大型ネットを張り、中にホタルを放して鑑賞するのだ。そこに放された多数のホタルはどこで集めたのだろう。ホタルは成虫になったら餌は食べないので寿命は十日ほどと短い。ネットの中のホタルはイベントが終了すると町なかで放されて子孫を残すことなく死んだのだろうか。

各地で「ホタルの里」復元が盛んだ。ホタルの生育できる環境を復元したうえで地元に残っているホタルが増殖するのなら素晴らしいことだ。しかしホタルの幼虫を業者から調達したり遠隔地で採取したものなら遺伝子汚染が心配になる。ゲンジボタルの場合、西日本と東日本では異なる種分化をしており、西日本型の方が発光間隔は短い。さらに餌のカワニナも遠隔地で調達したものならその放流による遺伝子汚染も懸念されている。

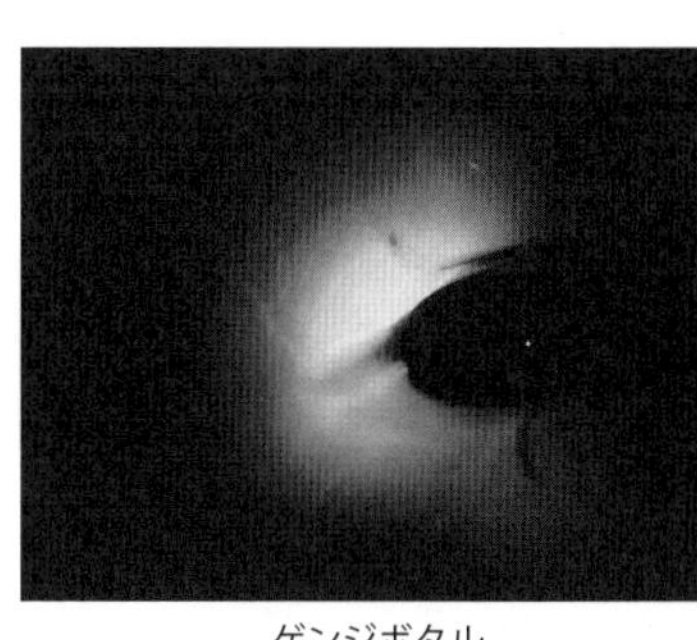

ゲンジボタル

復元された環境でホタルが自然発生するとき、水路や川岸の草むらには多くの生き物も暮らし始めているはずだ。その時、「多数のホタルが復活した」ことを喜ぶのではなく、「ホタルや他の生き物が住める環境が戻ってきた」ことを喜んでほしい。ホタルは豊かな里山・里地環境復元の指標としてこそ存在意義がある。

（愛媛新聞　二〇一一年六月二日付　四季録　修正）

6　オオキトンボと池干し

オオキトンボは翅（はね）も胴体も薄黄色の美しいトンボだが赤トンボの仲間である。近年、生息地は急減し、環境省レッドリストでは絶滅危惧Ⅰ類に指定された。全国に生息記録はあるが、現時点での確実な自生地は十ヶ所もない。

ところが松山市内（旧北条市内）にオオキトンボの多産するため池があり、その一つでは多いときには推定で数万匹が羽化している。この情報はトンボマニアには広く知られているようで、十月中旬になると産卵の一瞬を撮影しようと全国各地からトンボマニアがやってくる。

愛媛県には農業用ため池が三、一〇〇ほどあるが、オオキトンボの生息が確認されているため池は十数ヶ所だろう。そこでオオキトンボが生息条件を解明するために二〇一六年からトンボ研究者と協力して生息環境の調査に取りかかっている。今までの調査で分かった主な点は、オオキトンボ産卵には水位低下で露出した砂質緩斜面が必要なこと、卵の孵化やヤゴの成長には春の水位の上昇が必要なこと、羽化の足場や天敵から避難するための水際から斜面までの植生が必要なことなどである。

多くのため池では稲刈りが終わる頃にため池の水位を下げていた。いわゆる池干しである。その際に堤防内側の点検や修理を行うのだ。また池の底に溜まった泥は田んぼの肥料として持ち出し、フナやウナギなどを捕まえて食用とした。池干しをした後のため池では水の透明度も上がり、水底にはイトモなどの水草が繁茂し生物相は豊かになる。また近年では池干しでブラックバスなどの外来魚が減少する効果が期待できる。池干しという旧来から受け継がれてきたため池管理とオオキトンボの生息条件が合致していたとも言える。

オオキトンボの生息しているため池でも老朽化がすすみ改修計画が検討されている池もある。今回の調査によって、オオキトンボの生息が継続出来る池改修工事を提案することも可能であろう。

水ぎわで産卵するオオキトンボのペア（10月中旬）

しかし将来にわたってオオキトンボの生息が維持されるためにはもっと大きな課題がある。ため池の水を必要とする受益農地自体が減少していることだ。農業者の高齢化や後継者不足によって田んぼが減少して従来通りのため池管理が出来なくなればオオキトンボは居なくなるだろう。やがて田んぼがなくなればため池も水路も必要でなくなり、トンボやカエル、水鳥、水草や湿生植物など多くの水に依存する生きものが一挙に消える。オオキトンボを守ることは、地域の生物多様性そのものを守ることでもある。

（産経新聞　四国版　二〇一六年十月二十八日付
坂の上の雲ミュージアムカフェ　修正）

7　クスノキ並木の剪定騒動

街路樹は豊かな緑を演出することで、町に潤いをもたらす。高層ビルが立ち並ぶ近代的な都市に街路樹の緑がないとしたら殺伐として息苦しい町に見えるだろう。

しかし多くの街路樹は歩道と車道の間のわずかな土地に植えられており、高温と乾燥、貧栄養など劣悪な環境で衰弱しているものも見かける。しかしもっとも彼らを苦しめているのは住民や行政担当者の街路樹に対する意識であろう。

高松市では一つの並木の街路樹管理について論議が二十年間以上も続いていた。昭和二十四年（一九四九）に戦災復興都市計画として、高松駅から栗林（りつりん）公園までの「中央通り」の中央分離帯に二一四本のクスノキが植えられた。クスノキが樹高十メートルほど高木となった頃から、伸びすぎた枝葉の処理が道路管理者の頭を悩ませることになる。地元警察からは信号の視認性悪化など交通安全面の理由で剪定の申し入れがある。しかし剪定するたびに市民団体からは剪定中止の要望が出された。市民も剪定中止で一致しているわけではなく、看板が見えにくいとか野鳥の糞害や落ち葉の舞い込みなどの苦情も寄せられたという。

私たちの身近な街路樹の場合はどうだろうか。落葉する街路樹の場合、落葉時期の前に丸刈りされることが多い。伸びすぎると、空中の電線に接触することも、街路灯の明かりを隠すことも、落ち葉が交通の支障になることも、沿線の看板や広告を隠すことも、信号やカーブミラーが見えにくくなることも、どれも剪定止む無しの意見である。街路樹を排除する理由を探せばいくらでもあるだろう。

しかし葉を刈られた樹木は哀れだ。都市の中で街路樹が伸び伸びと生きるための工夫はできないものだろうか。都市の緑は単なる道路の付属物ではない。緑量豊かな街路樹は、都市に必要不可欠な景観要素である。

枝葉を張ったクスノキ並木
（新居浜市一宮神社）

高松市中央通りのクスノキは、官民巻きこんでの剪定論議が長期間続いている間に、大きなもので幹の太さ約六〇センチ、高さ一五メートルの大木に生長した。こうなると誰しもが「中央通りのクスノキ並木」を高松市のシンボルと認めざるを得ない。二〇〇〇年には一本毎の健全度カルテとともに市民の意見も反映された維持管理マニュアルが作られた。目標樹形を設定するとともに交通安全上と生育上の剪定も認めている。市民と時間がクスノキ並木を守ったのだ。

（「文化愛媛」四十七号　木と人間八、二〇〇一年　修正）

8　都会に点在する緑の島

鳥になって空高くから松山平野を眺めてみよう。

まず目に付くのはビル群に囲まれた松山城山の濃い緑の島だ。城山の存在は松山のシンボルであると同時にその広大で鬱蒼とした緑は鳥にとっては巨大な安全基地でもある。

市内を横切る細長い緑の帯は石手川の河畔林だ。山裾から続く樹林帯はまるで鳥たち野生の生き物が移動するための回廊のようだ。

町中に点在するこんもりした緑は神社の森だろう。シイやクスノキの大木に囲まれた緑の空間は、鳥が移動する際の重要な休憩場所であり避難場所である。

目を凝らせば、小さな緑が町中のあちこちに散らばっている。これらは学校や公園に植えられた樹木や街路の並木であろう。いずれも鳥たちのひと時の休憩地である。

山裾を離れた野生の鳥たちは、石手川の樹林帯を伝って市内に侵入し、城山を一大集散基地として、神社や学校、公園などの小さな緑に立ち寄って、市内全域に広がっていく。庭に野鳥を呼ぶには、市街地における「緑のネットワークの構築」が必要なのだ。

動物の分散移動距離は種類で大きく異なっているが、通常時の平均分散移動距離としてタヌキなど中型哺乳類で約一キロメートル、シジュウカラなど小型鳥類で約四〇〇メートル、バッタ類で約四〇〇メートル、シオカラトンボなどトンボ類で約二キロメートル、アゲハチョウなどチョウ類で約五〇〇メートルとの報告がある。

そこでネットワークの最短距離を一キロメートルとして松山平野でどうなるかを考えてみた。城山と石手川緑地および既存の社叢林だけでは「緑の一キロメートルネットワーク」が作れない範囲が各地にある。しかしこれに加えて学校と公園に小さな森が整備されれば、ほぼ全域において一キロメートル以内に緑の島が存在することになり緑のネットワーク機能は格段に充実する。

淡路ヶ峠から見た松山市内

「緑の一キロメートルネットワーク」はまったく便宜的なものだけど、さまざまな生きものが町中にやってくるための一つの視点であろう。

学校や公園の緑は貧弱なものが多い。大木は少なく、まして樹林と呼べるものはあまり見ない。子どもが登って危険だからとか落ち葉が近隣の民家に舞い込み苦情が出るからなど理由が思い浮かぶが、鳥が各家や公園、学校に飛来する際の飛び石伝いの緑と考えることも必要だろう。

（「文化愛媛」四十九号　木と人間十、二〇〇二年　修正）

9 「木こり市場」から広がる地域循環

内子町小田の山裾に内子町森林組合の「原木市場」がある。広大な敷地には伐採業者が搬入した長さの揃ったスギやヒノキの丸太がうずたかく積まれている。組合の建物の裏側にまわると「木こり市場」の看板が立てられた小さなテントがあった。

しばらくすると軽トラが荷台に不揃いの木材を満載して入ってきて、台貫《だいかん》(地面に設置された重量計)の上に止った。軽トラごと重さを量っているのだ。やがて運転手が木こり市場にやってきて緑色の通帳を出した。見ると「内子町木こり銀行木こり通帳」と書かれていた。

木こり市場は内子町小田支所が設置したもので、毎月三日間開設されており、町内の人なら誰でも出荷できる。持ち込める木材は手首より太く長さ一メートル以上であれば何でもいいので、原木市場に出せない小径の間伐材や曲がった不良木であっても持ち込むことが出来る。引き取り価格は一トンあたり八、〇〇〇円と高く設定されており、そのうち五、〇〇〇円は現金で、残りは一枚五〇〇円の「ドン券」六枚で支払われる。ドン券は内子町内でのみ使える地域通貨だ。

間伐が経済的に釣り合わない現状のなかで放置林の増加や間伐材の林内残置(切り捨て間伐)が問題となっているが、木こり市場は間伐の推進や林地残材の有効利用には効果的であり、結果的に植林の適正管理が進むことになる。また年寄りの小遣い稼ぎにはうってつけだし、さらに地域通貨ドン券は内子町内の商工会加盟店でのみ使えることから、その流通によって町内の商店の活性化も期待できる。

木こり市場が引き取った木材はすべて隣接している民間業者愛媛ペレット小田工場が買い取り、木こり市場以外から供給される端材も含めて木質ペレット（木材を粉砕して圧縮した木質燃料）に加工される。ペレットはペレットストーブの燃料となり、市販されるほか内子町内の小学校や公民館などの公共施設で使われている。また最近ではペレットを燃料とする内子バイオマス発電所も稼働を始めているが、フル稼働すると旧小田町内の全電力を賄うことが出来るというから海外の石油石炭に頼らない地域内でのエネルギー循環も夢ではない。

木こり市場の受付

木こり市場のような間伐材買い取り制度は各地で始まっている。市場価格に助成金を上乗せして成り立っている部分もあるが、資源もエネルギーも金も地域で循環する「地域循環型社会システム」の構築における先進事例の一つである。

（「文化愛媛」八十三号　木と人間四十四、二〇二〇年　修正）

10　居ないことの証明

そろそろ年度末（二〇一一）が近づき報告書の原稿作成の時期となった。とくに慎重に考察をしなければならないのは、松山市レッドデータブック（ＲＤＢ）の改定と環境省の全国レッドデータリスト県別データの作成だ。いずれも絶滅に近づいている生物を抽出し、それの絶滅危険度を決定する。私が参加するチームは高等植物を担当する。

昨年末までは現地調査だったが、今年は調査結果をもとに検討会議を開いて種ごとに絶滅危険性を評価をする。

「絶滅」から「現状不明」まで七種類ある絶滅危険性ランクを判断する作業は難しい。客観的な評価基準はあるものの、調査の期間は限られており最終的には調査員の経験的判断となる場合もある。

ＲＤＢ種に指定されると「絶滅に瀕している生物」と公的に認定されたことになり、絶滅危惧Ⅰ類など絶滅危険性が高い種が開発予定地に生育している場合、「計画変更をして現状保存」や「生育適地への移植」などの保全策が講じられ、その後も生育状況が見守られるなど手厚い保護を受ける。

絶滅危険性の判定でもっとも判断に迷うのは「絶滅」である。調査範囲に一個体でも現存が確認されると「絶滅危惧Ⅰ類」の判定ができるが、その地域のどこにもすでに存在しないことを証明す

「情報不足」サダソウ。
南予の離島の岩壁に生き残っているかも

るのは至難の業だ。松山市でも高縄（たかなわ）山や皿ケ峰（さらがみね）連峰など奥山から忽那（くつな）七島など島嶼（しょ）部まで広域である。よく知られた種でかつ過去の確認地がすべて特定され、現時点でその場所以外に存在しないことが確実な場合は「絶滅」を判定しやすいが、山岳や離島に生育する目に付きにくい種の場合の「絶滅」判定は難しい。そのため過去五十年間の確認がない場合に「絶滅」と判定出来る。

愛媛県ＲＤＢ二〇〇三では、明治初期頃に松山市北梅本（きたうめもと）で捕獲され頭骨が残っているニホンオオカミは「絶滅」が判定されたが、一九七五年以後、正式な確認がないニホンカワウソは「絶滅危惧」とされている。次回の愛媛県ＲＤＢの改定は二〇二四年頃であるが、二〇二五年で「五十年経過」となるカワウソはどう判定されるのだろうか。それまでにカワウソが南予海岸のどこかでひょっこり見つかるだろうか。愛媛県ＲＤＢ二〇〇三で「絶滅」と判定されたウンラン（植物）が二〇〇六年に東予の海岸でわずかに現存していたことが分かり、二〇一四年改定で「絶滅危惧」に変更されたように。植物ではサダソウやホソバママコナなどは「五十年経過」しているが、まだ見つかるかも知れないとの期待を込めて「情報不足」である。

（愛媛新聞　二〇一一年一月二十日付　四季録　修正）

11　招かざる生き物

二〇一一年六月、高知大学で開かれたシカ被害報告会に出席した。三嶺など剣山系ではシカが稜線のササを食いつくしており駆除が検討されている。愛媛県では南予県境で被害が発生しているが、今後、徳島県に近い笹ケ峰や瓶ケ森へ被害が拡大することが懸念される。シカ問題の背景には明治期の天敵であるオオカミの駆除、戦中・戦後のシカの乱獲による減少とその後の保護政策、拡大造林のための天然林の伐採による生息環境の増加など人為的な要因が大きい。

その日の午前、高知市春野町の河川を訪れた。四国への侵入が恐れられていた外来水草ミズヒマワリの群生が発見されたからだ。ミズヒマワリは中南米原産の多年草で観賞用に持ち込まれたが、繁殖が旺盛で野生化すると短期間で水面を覆いつくし生態系へ影響を及ぼすことから、環境省では「特定外来生物」に指定して栽培や運搬などを禁止している。

すでに愛媛県内に侵入し駆除に苦慮している水草にボタンウキクサ（特定外来生物）がある。直径数十センチの植物体が水面を漂いながら、四方に茎を伸ばして増殖する。数年前までは水に浮かぶ観葉植物として市販されていた。

二〇〇八年の秋、徳島県の旧吉野川河口堰で異様な光景を目にした。幅二〇〇メートルもの河口堰貯水池はずっと上流までボタンウキクサが覆い尽くしてまるで広大なゴルフ場のようになっていた。釣り船の往来も困難で、海に流れ出ると漁業被害も懸念される。国交省では船で草を集め岸からは大型重機が掬（すく）い取っているが、見ていても一向に水面が広がらない。河口堰の上流では春にはごく数株だったというから駆除のタイミングを逃すと甚大な被害が発生する。

六月頃になるとホームセンターには水草ホテイアオイ（ウォーターヒヤシンス）の苗が並ぶ。夏にはヒヤシンスに似た青紫の綺麗な花が咲くので人気の水草だ。ところが溜め池などに投棄されると大繁殖するので、環境省は「要注意外来生物（この区分は二〇一五年に生態系被害防止外来種に変更された）」に指定している。熱帯の河川では水上交通や漁業に支障となるので「青い悪魔」とも言われている。

ため池の水面一面に繁茂したホテイアオイ

ボタンウキクサもホテイアオイも庭の池で管理されている間は可愛い水草だが、池に投棄されると異常増殖し駆除すべき悪役となる。

本来、生態系は特定の生物が寡占しないようにセルフコントロールシステムを持っている。シカ問題も外来植物問題も生態系が乱れる時、きっかけはいつも人間の身勝手さがある。

（愛媛新聞　二〇一一年六月三十日付　四季録　修正）

12　植物標本の価値

二〇一一年六月、松山市郊外にある松山市野外活動センターに保管されている植物標本を調べてほしいとの連絡があった。

早速、行ってみると、今では珍しい木製収蔵棚に植物だけでなく、昆虫、キノコ類、海藻などが大量に保管されていた。

植物標本の引き出しを開けて驚いた。偶然、一番上にあったのは、一九五三年に山本四郎氏（故人）が砥部町七折（ななおれ）で採取したホソバママコナの標本だった。この標本は同時に二点が作られたと推定されもう一点は十年前に確認されているが、これらの標本が現存していてこそ「砥部町七折」が四国でただ一ヶ所のホソバママコナの自生地だったことが証明出来るのだ。愛媛県ＲＤＢ二〇〇四では、現地調査を継続していることから「絶滅」でなく「情報不足」とされた。

標本の多くは一九五〇年代に松山平野を中心に採取されたもので保存状態は良好だ。一枚ずつ点検した結果、採取場所や月日が記載されていないものは保存標本としての価値はないので残念ながら廃棄とした。

五十六年前に松山市和気（わけ）浜で採取されたウンランの標本も見つかった。砂浜に生える小さな多年草で、松山市ＲＤＢでは「絶滅」とされている。現在の和気浜は改修されてマリンスポーツで賑わうビーチだが、かつて海岸砂丘にはマツ林がありウンランなど多くの海浜植物が繁茂していた風景が、この標本から想像出来る。

これらの標本は、当初は松山市内の小学校で保管されており、その後、子どもの家、松山市青少年センター、松山市総合コミュニティセンターを転々として、現在の松山市野外活動センターに来たものだ。歴代の関係者の配慮に感謝したい。数千枚の植物標本のうち約七五〇枚を研究室に持ち帰った。再同定したあとは公共の博物館に移して永久保存したい。

1955年に松山市和気浜で採取されたウンラン

標本は過去の自然環境を知る疑いようもない手掛かりである。また将来、分子生物分類の進展によって現在は同一種であったものが複数の種に区別された場合にも実物の標本があれば精査して再同定をすることが出来る。

まだ民家の押し入れには山草好きの故人が作った標本が残っているかもしれない。あるいは学校の物置にはかつて在職した生物教師が作った標本が眠っているかもしれない。それらは変色した古新聞の束に見えたとしても、正確な採取情報が書かれた押し葉が入っているなら宝物のように貴重な資料である。

（愛媛新聞　二〇一一年七月十四日付　四季録　修正）

13　蘇生する照葉樹

当木島は宿毛湾に浮かぶ愛媛県最南の無人の孤島である。周囲一・五キロメートルほどで、太平洋に面した南側は絶壁だが、北側は緩斜面で照葉樹林が覆っている。

二〇一一年八月九日、植物の調査団六名が当木島へ上陸した。無人の磯浜にはハマユウやハマカンゾウが咲き乱れている。二〇〇四年にこの島の標本も引用されて新種記載されたホウヨカモメヅルは花盛りだが、熱帯系植物のハカマカズラは花期を終えてタネを実らせていた。ちょうど四十六年前の同じ日に山本四郎氏（故人）がこの島を訪れて植物リストを発表している。今回の目的はリストの更新と貴重種の現存確認であるが、私は外来種の有無にも興味があった。

調査の結果、確認した外来種は海岸に芽生えた外来ギシギシ属一種のみだった。これは種子が海流で運ばれた偶発的な芽生えと考えられ、そのうち荒波で消えるかもしれない。つまりこの島に定着している植物はすべて在来種と言える。

しかし林内に入ると斜面には崩れかけた石積みが何段もあり、その上の山斜面の木は萌芽しており伐採された形跡がある。北側の斜面はかつて開拓され耕作地だったのだ。そのころには幾種類の畑地雑草や外来種が侵入していたことだろう。人為が絶えて数十年が過ぎ、放棄された段畑には照葉樹が芽生えて、やがてもとの林に戻したのだ。

何百年と時間を経て成立した原生の林は、その地にもっとも適応した最終ステージの植生であり外来種も侵入できない閉鎖された植生である。もし一部が破壊されても、すぐに周囲の林が種子散布の波状攻撃をかけて原植生に戻そうとする。それは人為では止められない越えた自然の逞しさである。

愛媛県の低地の原植生は照葉樹林だった。人はその林を切り払い市街地や耕作地に変えた。今では照葉樹林は神社の森や城山などに断片的に残っているだけだ。しかし照葉樹は市街地をもとの林に戻すべく圧力をかけ続けている。

当木島

庭の片隅に、植えたはずのない木が芽生えているのを見たことがありませんか。クスノキ、クロガネモチ、ホルトノキなどの照葉樹が庭の一角に自分たちの森を復元しようとしている。彼らは抜かれても抜かれても侵入を諦めない。まるで照葉樹の静かな逆襲のようだ。

（愛媛新聞　二〇一一年八月十八日付　四季録　修正）

14　人知れず入れ替わっていた

テレビのクイズ番組で、徐々に変化していく画像を見ながら変化した部分を当てるというコーナーがある。目を懲らして見ていたのに、正解を見ると最初と最後ではまったく異なっているのに気づいていない。私たちの身の回りの生きもの達でも、気づかないまま類似の他の種に入れ替わっている場合がある。

オナモミの実は誰でも知っているだろう。秋の草むらで服にくっつく厄介者だ。ところがオナモミは西日本では急減している。四国では高知県がすでに絶滅宣言をしており、他の三県でも近年の確認はなく、すでに絶滅した可能性もある。今でも普通にオナモミの実を見かけるがそれは外来種のオオオオナモミなのだ。オオオオナモミは北米原産で昭和初期に日本に渡来し、オナモミと競合しついに置き換わってしまった。四国に侵入したのは昭和二十年代だが、全域に拡大したのは昭和の終り頃であろう。年配の人にとって子どもの時に見たのは在来種のオナモミであり、今、見るものは外来種のオオオオナモミであるが、両種が酷似しているため、入れ替わったことに気づく人は少ない。

梅雨時期によく見るナメクジも多くが一九五〇年代にヨーロッパから渡来したチャコウラナメクジであり、愛媛県の都市部では在来のナメクジの絶滅が懸念されている。

小枝や枯れ葉をまとって木の枝からぶら下がるミノムシも同様だ。ミノムシを持ち帰り、ミノから幼虫を取り出して、毛糸やちぎった色紙の中に入れると色鮮やかなミノを作る。昔の子どもの遊びだった。その頃のミノムシとはオオミノガの幼虫のことだが、一九六〇年代以降に外来のヤドリバエの寄生によって激減した。すでに愛媛県・高知県・徳島県では準絶滅危惧種に指定されている。今、ミノムシと思って見ているのは、多くの場合、ミノがちょっと小ぶりのチャミノガである。

オオオナモミの実

また刺されると痛いイラガも急減種である。今、私たちがイラガと呼んでいるのは、ほとんどの場合、一九六〇年代以降にイラガと置き換わった外来種ヒロヘリアオイラガであり、幹に残った繭殻は見慣れた白い卵型だ。イラガは在来種で、繭には白地にくっきりとした黒い筋模様がある。今でも年に一～二度、街路樹などでイラガの繭を見つけることがあるが、よくぞ残っていてくれたとしばし立ち止まる。

（産経新聞　四国版　二〇一八年十二月二十八日付
坂の上の雲ミュージアムカフェ　修正）

15　最近、焚き火しました？

日本焚火学会なるものがある。学会では焚き火をしながら焚き火文化について語り合うらしいが、豚汁やピザなどの出店もあり夜には燗酒も振舞われるので大人の遊びである。

毎年八月に、野村町惣川で実施している自然体験キャンプでは飯盒炊飯や野焼きパンをするが、子どもたちは焚き火当番が大好きだ。キャンプファイヤーが終って解散したあとも、いつまでも残り火を眺めている子どもがいる。

焚き火を前にすると、なんだかホッとする。じっと見入ってしまう。焚き火には不思議な魅力がある。炎の「暖かさ」と「明るさ」も心地よいが、最大の魅力は「揺らぎ」だと思う。川のせせらぎや打ち寄せる波の音にも似た「規則性と不規則性のほどよい調和」が人に心地よさを与えているのだろう。

最古の焚き火跡は一四〇万年も昔という。古来、人は火を燃やしつづけ、闇の恐怖や冬の寒さから身を守り、穀物を煮て獣肉を焼き、そして炎を眺めた。我々の心の奥底には原始の時代からプログラムされた裸火に対する「安らぎ」が潜んでいるのだろう。

しかし、今では街中で焚き火をすることが難しくなった。ある幼稚園では、落ち葉を集めて焼き芋をする際には風のない日を選ぶなど煙に気を使っているという。毎年冬の日に保育者養成課程の自然体験の一環で、大学構内で「火起こし体験」の授業をしていた。三～四人のグループに木製の「舞きり式」火起こし器を渡し、発火したら火種を木屑（くず）に移しさらに木っ端に移して小さな焚き火を作るのだ。焚き火が出来ると焼きマシュマロのご褒美も用意した。ところがあるとき事務方から中止要請があった。煙が立ち昇ると近所から苦情が来るというのだ。それ以後火起こし授業は中止した。

焚き火は廃棄物処理法で原則禁止となっているが、締め飾りを焼くとか田んぼで籾殻（もみ）を燃やすなど慣習行事や農林業で必要な場合とともに、日常生活上で必要な軽微な焼却も認められている。ここには庭での落ち葉焚きや学校等での焼き芋、キャンプファイヤーが含まれている。

キャンプファイヤー

しかし街中の日常生活から煙がなくなり、一方でダイオキシンに代表される化学物質汚染が話題となっている現在では、煙に過敏になるのもやむ得ないことだろう。

だとしたら、せめて川原か海岸で「マイ焚き火」をしよう。炎の揺らぎを見つめながら何にも考えない穏やかな時間を楽しみませんか。

（愛媛新聞　二〇一〇年十二月二日付　四季録　修正）

16　道で狸が死んでいた

今夜は誰と会えるのだろう。夕暮れの山道を車で通過するときはワクワクする。タヌキ、ハクビシン、ノウサギなどが道路を渡ろうとして顔を出す。車のライトに驚いて、光る眼でキョトンとこっちを見ているが、やがてあわてることなく道路を横断して林内に入っていく。時にはうり坊を引き連れたイノシシやシカやサルの集団と遭遇することもある。奥山の林道ではなく、五明(ごみょう)や小野(おの)など松山平野のすぐ近くの里山の市道での出来事だ。

でも朝の国道では悲しい場面が多い。ある日の早朝、植物調査に向かう途中、国道でタヌキが死んでいた。宇和(うわ)に向かうトンネルの手前。車の速度を落として通り過ぎたが、外傷はないらしく昼寝しているみたいに可愛く路側に横たわっていた。彼には一瞬の出来事だったろう。その朝、市街から各地に続く幹線道路で同じような事故に遭ったタヌキは何匹もいただろう。

道路で動物を轢(れき)死させてしまうことをロードキルという。もっとも運転する側にとっては不意に横切る動物を避けようもない場合もある。高速道路では「動物飛び出し注意」の標識を目にするが、高速走行中には急ブレーキ・急ハンドルはむしろ危険である。某自動車教習所では教官が、回避操作によって重大事故を招く恐れのある場合との前提で「動物が飛び出したら迷わず轢(ひ)け」と話したというが、それも止むを得ない判断であろう。

道路が出来る前、その一帯には森や小川や草地があり、多種の動物たちが餌場、ねぐら、繁殖場として自由に行動していた。そこを横切って道路が建設され、それによって動物の行動圏が分断されたのだ。サンショウウオのように産卵場所の水辺と採餌場所が分断された場合はもっと深刻である。しかし、もとより動物たちに横断ルールを守らせるすべはない。

ロードキル対策は道路管理者にとって回避操作や動物衝突による事故を防ぐためだけでなく生態系保全の観点からも重要な課題となっている。

交通事故にあったタヌキ

数年前、四万十川上流の国道で動物用の横断歩道を見つけた。歩道といってもガードレールの切れ目に手のひらほどの小さなカーブミラーが付けられているだけだが、ミラーが車のライトを路肩側に反射し、横断しようとする動物がたじろいでいる間に車が通過する仕組みだ。他にも道路下に動物移動用の小さなトンネルも作られていて、自然に出来たトンネルのように小石が敷かれている。どちらも素敵な配慮だ。

（愛媛新聞　二〇一一年六月二十三日付　四季録　修正）

17　七年目の不憫

町中でセミの鳴き声が聞こえ始めると、ある学生の一言を思い出す。「セミの幼虫は六年間も土の中で暮らすんでしょ。七年目、さあ地上に出ようと這い上がった時、地面が舗装されていたらそのセミはどうなるんでしょうか」

土埃がたつから、ぬかるむから、雑草が生えるから、いろんな理由で町中では土の地面は許容されない。土の地面はいつしか舗装されて駐車場などになり街路樹も根元まで舗装されている。だから今夏、土中に潜ったセミの幼虫が七年後に地上に出られる保証はない。

ある夏の日、松山市内の児童公園で一匹のカマキリを見つけて安心した。カマキリとその餌たちがまだこの近くで生きていることを物語っているからだ。カマキリの餌は幼虫のうちはアブラムシなど小さな虫を、成虫になるとバッタ、コオロギなどを食べる。それら餌のすみかの草むらが無くなりつつあるからだ。このカマキリは飢えているかもしれない。来年、生まれるカマキリはもう食料を見つけることが出来ないかもしれない。手を伸ばすと前足を挙げて威嚇した。捕まえようとしたんじゃない、よくぞ生き続けてくれたと、町中で生を受けたことの不憫(びん)に同情したのだ。

カマキリの餌のバッタは草むらで、コオロギは草むらの地面や瓦礫の下で生活しているが、町中から草むらや瓦礫などが無くなりつつある。それらは「無秩序な部分」と思われており、土地の管理者も近隣住民も「無秩序な部分」をなくすことを美徳と感じているようだ。

以前、ある付属幼稚園で一騒動があった。庭でヘビが発見されたのだ。ヘビと言っても、その年に生まれたヒバカリの子どもで体長三十センチほど。恐る恐るの子どもたちの手を一回りしてから裏庭に放された。ヒバカリの餌はオタマジャクシやミミズや小さなカエルだが、その子ヘビは大人になるまでの餌を手に入れることができるだろうか。幼稚園の隣に唯一残っていたミカン畑が春に宅地になったことをまだ知らないはずだ。数年後に、やせ細った最後のヒバカリが人知れず息絶えるのだろう。

カマキリ

こうして町中から野生の生き物たちが静かに消えていく。でもいちいち生き物のことなど考えてもどうしようもない。人間の快適生活が第一だ。それはそうだけど外国産の街路樹を植え、庭に園芸植物や芝生を張り、冬に渡り鳥が来れば、緑溢(あふ)れて生き物と共生できる町づくり…都合のいい生き物を配置しただけの「自然との共生」なんて嘘(うそ)っぱちだ。

（愛媛新聞　二〇一一年七月二十一日付　四季録　修正）

18　雨だれプリズム

雨上がりの朝、森の中の道を歩いていた。山道の草は靴を濡らし、路面には木漏れ日が明暗模様を作っている。

そこで不思議な光景を見た。林の中で小さな光がチカチカと輝いているのだ。目を凝らすと枝や梢のあちこちで無数の光が点滅している。風が吹くと点滅が早くなる。まるでクリスマスの電飾のようだ。楽しくなって体を揺らしたら、光の色が赤、青、紫とさまざまに変化した。

枝越しに見える午前の太陽はまだ低く、枝葉に残っていた無数の雫の一つ一つがプリズムの役割をして日の光を七色に分散させていたのだ。ときどきキラッと強く輝く光は、たぶん偶然に凸レンズとなった雫のせいだろう。だから晴れた雨上がりの山道を歩くときは、梢を見上げて雨だれのプリズムを捜す。雨上がりの太陽のまだ低い時間帯なら町中の公園や庭の木でも普通に見つかるのだが、慌しく歩き過ぎる人は気付かないだろう。

草はらや茂みでも、水滴は時としてハッとするほど素晴らしい景色を演出する。葉先の雫に顔を近づけると、その中には反対側の風景が魚眼レンズで見たように丸く映りこんで見えたりする。空中のクモの巣に朝露の水滴が点々とついているのは、まるでクリスタルのネックレスのよう。サトイモやハスの葉は撥水加工されていて真ん中で水滴を転がしている。これらも田舎でなくとも町中でも普通に見られることだろう。この「ちょっとした感激」も、雨上がりだったらそんなこともあるさ、と大人だったら気にも留めないかもしれない。

しかしその時、そばに子どもたちがいるなら、是非、一緒に見てほしい。子どもたちは、その美しさや不思議さを大人と共有出来るなら、それが些細（ささい）な出来事であったとして新鮮な感動として焼き付けられていくだろう。

大人は子どもたちに豊かな感性や情緒を身につけてほしいと願うが、そのためには「大人と子どもとの感動の共有」が大切なのだ。これは難しいことではない。雲の形でもタンポポの綿毛でもアリの行列でも水たまりのミジンコでもいいので、「見てごらん、きれいだね、すごいね、不思議だね」と子どもと一緒に見つめるだけでもいいから。

そのために大人たちも日常の見慣れた風景の中で、いつも「ちょっとした感動」を見つけ出せるようにしていたい。

（愛媛新聞　二〇一一年七月二十八日付　四季録　修正）

クモの巣についた水滴

19　女学生と炭焼き

着火して七時間後の夜、九時頃にドラム缶釜の煙突の煙の色が変わった。釜の中ではびっしりと詰め込まれたシイの丸太が木炭に変化したのだ。すぐに釜口と煙突に土を入れて空気を遮断し、あとは釜が冷えるのを待つだけである。朝からドラム缶の傍でつきっきりで様子を見ていた学生達もやっと一安心。

この炭焼きは、三月に三坂峠(みさかとうげ)のふもと、松山市窪野(くぼの)町の旧遍路宿「坂本屋(さかもとや)」を会場にして、愛媛大学農学部の鶴見武道(つるみたけみち)先生や小林修(こばやしおさむ)先生の指導で実施された。集まった大学生は愛媛大学農学部・工学部、松山東雲短期大学、聖カタリナ大学の三六名で、そのほとんどは女性だ。

炭焼きは思ったほど楽な作業ではない。山で木材を切り出すことから始める。二月初め、まだ雪の残る山裾で、秋に台風で倒れたシイの木を引きおろし、ドラム缶に入る程度に切り揃えた。学生達はチェーンソーを初体験したり、丸太を軽トラに運んだりとなかなかの重労働にもかかわらず、いつも楽しそうだった。

炭焼き本番は三月。朝から「坂本屋」前の斜面を整地して、ドラム缶を設置し、煙突と釜口を付けて、全体に土を被せ、炭材の丸太をドラム缶に詰め込むと炭焼き釜の完成。いよいよ火入れとなる。釜口の細い枝を燃やして熱を内部に送り込むのだ。炭材が自ら燃焼し始めるまで、数時間も薪を補充しながら、ひたすらうちわで扇ぐ。

煙突から煙が勢いよく沸き出始めると炭材に「点火」した証拠であり、次に焚き口を狭めて炭材が完全に炭化するのを待つ。今度は夜まで煙の色を見ながらの静かな時間が始まる。

煙の色が透明になると釜を密封して朝までそのままにする。上等な炭が出来ているか、完全に燃焼して単なる灰になっているかは翌朝のお楽しみだ。

今では木炭はバーベキュの燃料として使われる程度だが、古来、木炭は日常生活の重要な燃料だった。三十〜四十年前、家庭燃料としてＬＰガスや灯油、電気が登場し、同時に経済的価値を失った薪炭林は一挙にスギやヒノキの植林に変わった。

ドラム缶に炭材を隙間なく詰め込む。

里山で炭焼きが行われていた頃、里山の雑木林には絶え間なく人々が通ってキノコ、山菜、木の実、獣、日常用品の材料などの多様な森の恵みを得ていた。今回の炭焼き体験を通して学生達は、かつて町の暮らしが里山に支えられていたことを感じたであろうか。

（「文化愛媛」五十五号　木と人間十六、二〇〇五年　修正）

20　マツ林の盛衰

今治市桜井海岸にある網敷(あみしき)天満宮の境内には社叢林としては四国最大級と言われるクロマツ林がある。日本の白砂青松(はくしゃせいしょう)百選に選ばれている美林だが、よく見ると多くの樹幹には松枯れ予防の薬剤が入った容器が点滴のように取り付けられている。

松枯れはマツノマダラカミキリが媒介するマツノザイセンチュウ（長さ一ミリほどの線虫でマツクイムシとも呼ばれる）によるものだ。愛媛県での松枯れは昭和四十年代後半から急増し、昭和五十五年をピークに漸減している。しかし里山に広がっていたアカマツ林の多くが消滅し、すべての県指定天然記念物のクロマツの巨木が枯死した。

かつてマツは重要な資源だった。松葉かきと称して、里人は頻繁に葉や落枝を持ち帰った。乾いた松葉はすぐに火が付き高温で燃えるので焚き付けや風呂の追い炊きには格好の燃料だった。マツクイムシ被害は古くから発生していたが、立ち枯れしたマツは切り倒されて燃料としてマツクイムシもろとも燃やされたので被害はさほど拡大しなかった。

また瀬戸内海沿岸では、マツの薪や葉は砥部焼や菊間(きくま)瓦、製塩など大量の燃料を必要とする地場産業の発展を支えていた。

マツ材は粘り強度が高いために屋根や坑道を支える梁(はり)や坑木として重宝され、県内から北九州の炭鉱や別子(べっし)銅山の坑木用として大量に搬出された。さらに樹脂を含み腐りにくいことから、河川の護岸や川底の基礎工としても利用されていた。

しかし昭和四十年代から燃料は木質から電気、ガス、石油に急速に切り替わり、鉄材やコンクリートの普及によってマツ材としての需用も急減した。

松葉かきもされなくなり、腐葉土が堆積した林床には広葉樹が芽生え、暗くなった林内には陽樹であるマツは芽生えることがなくなった。マツクイムシによって枯れたマツは切られることなく放置され、さらに被害が拡大しマツ林の終焉(えん)を早めた。マツ林の衰退はマツクイムシよりも社会構造の変化が要因である。

樋門改修工事で川底から
掘り出されたマツ材

以前、松山市出合(であい)付近の伊予鉄道石手川橋梁の樋門改修工事の際に川底から旧樋門の基礎工として使われていたマツ丸太が発見された。輪切りにして断面を見ると七十年間近くも川岸を守っていたマツ材は少しも朽ちていなかった。

（「文化愛媛」七十五号　木と人間三十六、二〇一五年　修正）

21　桑畑の広がる風景

ある初夏の頃、雑木林でヤママユガの幼虫を見つけた。野蚕と呼ばれる野生の蚕だ。秋に同じ場所に行くとすでに羽化しており黄緑色の美しい繭（蛹）が残されていた。野蚕からは高級な生糸「天蚕糸」が採れる。持ち帰った繭を十分間ほど茹でて繭からほつれ出た糸を手繰ると、湯の中で繭が転がりながら、極細のしなやかで強靭な糸が延々と巻き取れた。

普通の生糸は飼育した蚕(家蚕)の繭から採れる。その養蚕技術は弥生時代前期に日本に伝わったと言われている。それまでの日本人の衣類は毛皮以外にはクズやコウゾ、アサなどの堅い樹木繊維から作られていたので、絹を初めて手にした日本人はそのしなやかさと美しさに驚いただろう。しかし絹は長らく支配階級のもので、庶民の衣類はその後に渡来したワタから作られる木綿が一般的となった。

明治政府は国策として養蚕を奨励し、各地に官営の製糸工場が作られた。それは生糸が当時の数少ない輸出品だったからだ。昭和初期にかけて生糸は日本の輸出品の五十〜七十％を占め、生糸で稼いだ外貨で工業機械を輸入するなど、日本の近代化が急速に進んだ背景には養蚕があった。全盛期の昭和初期には全国の農家の約四割が養蚕をしていたと言われるから、桑畑は日本の原風景の構成要素だったのだ。

愛媛県でも明治以降、各地で養蚕が行われ、とくに大洲地方は「伊予生糸（いよいと）」の本場として古くから養蚕が盛んだった。昭和初期の地形図を見れば大洲の肱川沿いには点々と桑畑の記号が見られる。たびたび氾濫する地では米など穀物の栽培は難しいが、洪水で運ばれた肥沃な土は桑の栽培に適していたからだ。当時、生糸は他の農産物よりも収益が大きく、製糸工場も次々とできて多くの女工を集めた。しかし愛媛県の養蚕は昭和五年（一九三〇）を最盛期にしだいに減少し、やがて化学繊維の普及で養蚕は急速に衰退した。

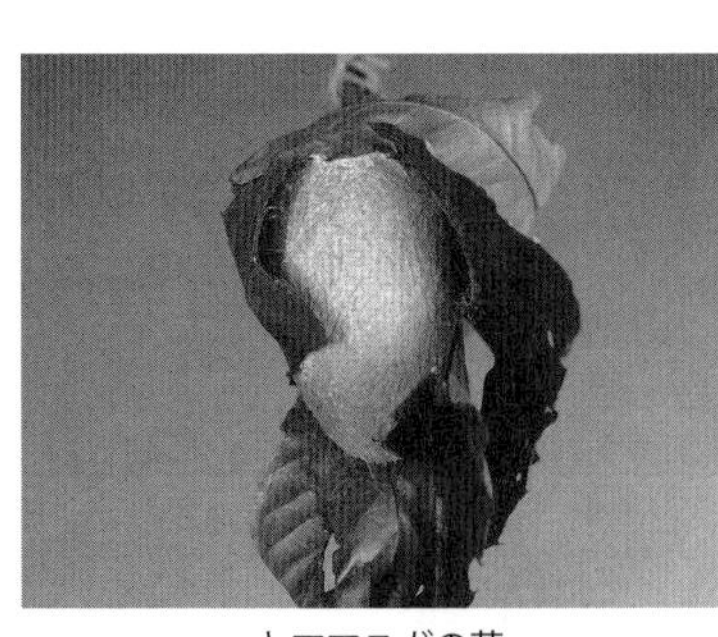
ヤママユガの繭

桑畑が広がる里地の風景、口を真っ赤にしながら食べた桑の実の味、蚕が一斉に桑の葉を食（は）むカシャカシャという音などを知る人はわずかとなった。しかし今でも肱川沿いの藪にはクワの木が大木となって点々と残っている。かつてこの一帯が西日本最大の繭生産地だったことの数少ない証拠である。

（「文化愛媛」七十六号　木と人間三十七、二〇一六年　修正）

22　里山の記憶遺産　ゼンマイ綿

四月の末に山裾の草地でたくさんのゼンマイの新芽を見た。若芽はワラビとともに山菜として有名だが、かつて新芽を包んでいる綿毛を集めて布団の綿や織物の糸にしたことはあまり知られていない。綿毛を集めてゴミを取り除き、乾燥して糸に紡いで布を織るのだが、もともとは物資の乏しい時代の農家の普段着として織られていた。しかし保温・防水・防虫効果があることから、今でもゼンマイ織りの布は東北地方で織られて高価で販売されている。

愛媛県内での聞き取り調査ではゼンマイ綿の話はなく、四国ではゼンマイ綿の利用はないと思っていた。

ところが最近、愛媛県内で、昔の暮らしぶりの聞き取り調査をした際にゼンマイの綿を利用したことが聞き取れて驚いた。鬼北町の男性は祖母（明治十七年生まれ）からゼンマイの綿を使っていたと聞いたことがあると言い、松野町の女性（昭和九年生まれ）は子どものときにゼンマイの綿で手鞠（まり）を作ったことがあると話してくれた。愛媛県内でもゼンマイの綿を利用していたことの貴重な証言である。

この松野町の女性は次のことも語ってくれた。ゼンマイはカヤ場でたくさん採ったという。カヤ場はススキの原っぱのことで、どの集落にも裏山の中腹以上に点々とあり、藁（わら）葺き屋根や飼料・

ゼンマイの新芽

肥料の材料となることから雑木林以上に重要な価値があったと思われる。秋に稲刈りがすむとカヤ場に行ってカヤを刈り取り里に運び降ろす。草刈りされた原っぱには春になるとゼンマイやワラビが大量に生えるので、採って干したり塩漬けにして年間の食糧としたという。その他にワラビの根を掘ってデンプンを採って食べたこと（今のワラビ餅）、ススキ原にはウサギなど獣が集まりそれをワナで捕まえたこと、薬になる草や食べられる木の実、川に木の汁を流して魚を捕まえたこと、草の葉やタケノコの皮で雨合羽をつくったこと…

今回の語り部は八十歳前後の方であったが、里山と人の暮らしの実体験を語れる人は年々少なくなるだろう。聞き取り用のＩＣレコーダーから文字起こししながら、里山の記録は時間との勝負かなと感じた。

（産経新聞　四国版　二〇一八年七月十三日付
坂の上の雲ミュージアムカフェ　修正）

あとがき

　本書を手にとっていただきありがとうございました。私の専門分野である森林群落や絶滅危惧種の保全についての学術的な内容を期待されていた方には意外な内容だったかも知れませんが、本書は、森林調査をする途中でふと出くわした自然の美しさや驚きをエッセイとして書きためたものです。

　私の仕事は森林群落の分類から始まりましたが、愛媛県や松山市のＲＤＢ（レッドデータブック）の調査に携わったことで、多くの植物が絶滅に近づいていること、しかもその三分の二ほどが人里近くの水田や畦、草地に存在していることに気づきました。人里では営農者の減少や耕作放棄地の増加あるいは基盤整備による集約的農業の拡大など社会構造的な変化によって、それまでの人と自然との関わりが希薄になりつつあります。このことは単に自然が失われていくということだけでなく、それまで自然から享受していた「心の豊かさ」までもが失われつつあると思っています。

子ども達は自然から驚きを発見する名人です。落ちているドングリ一個でも落ち葉一枚でも、イモムシでもクモの巣でも、蛇口から流れる水でも、面白さを見つけてしばらく夢中になります。これを「子ども時間」というなら、本書を読んでいただいた大人の方も慌ただしく過ぎる日常の中で少しの時間、身の回りの自然に目を留めて自然の美しさや不思議さに感動する「おとな時間」を味わってください。これも「心の豊かさ」の一つと思います。本書が「おとな時間」を感じるきっかけとなれば幸いです。

なお本書で掲載したエッセイは、公益財団法人愛媛県文化振興財団の機関誌「文化愛媛」の「木と民俗」および「木と人間」、愛媛新聞「四季録」、産経新聞四国版「坂の上の雲ミュージアムカフェ」に連載した文章を再録したものです。初掲時期が古いものはその後の環境の変化を反映して一部を修正したり、各編を見開き二ページに収めるために文字数が多いものについても修正をしています。

著者紹介

松井　宏光（まつい　ひろみつ）

1952年下関市生まれ、小学校から高校まで福山市在住。広島大学理学部生物学科卒業。研究分野は植物社会学で、主に愛媛県内をフィールドにして、森林群落や植物分布の研究を続けている。1977年～2014年、松山東雲短期大学に在職し、保育者養成の授業（自然分野）を担当した（現在、松山東雲短期大学名誉教授）。1977年以降、愛媛植物研究会に所属し、県内の植物分布地理を調査している（現在、会長）。また、2013年、NPO森からつづく道の設立に参加し、県内の里地の生物多様性保全のための各種事業を行っている（2019年に法人化。現在、理事長）。著書『石鎚山系自然観察入門』（共著、財団法人愛媛県文化振興財団、1995年）、『愛媛の自然をたずねて』（共著、築地書館、1997年）、『愛媛の人里野草図鑑』（愛媛新聞社、1999年）、『愛媛の薬用植物図鑑』（共著、愛媛新聞社、2000年）、『四国の樹木観察図鑑』（共著、高知新聞社、2002年）、など。

えひめブックス29

木と人間―生物多様性と人々のくらし―

令和三年（二〇二一）一月三十日　初版第1刷発行

著　者　松　井　宏　光
発行者　土　居　英　雄
発行所　公益財団法人　愛媛県文化振興財団
愛媛県松山市道後町二―五―一
郵便番号七九〇―〇八四三
電話（〇八九）九二七―四七七七
FAX（〇八九）九二七―四七七八

印刷所　クボタ印刷株式会社

ISBN 978-4-901265-66-9 C0245　¥1,200E

えひめブックス刊行のことば

愛媛県文化振興財団は、設立の趣旨にそって、今日までに色々な事業を手がけてまいりまして、県民の皆様から深い関心を寄せていただいておりますが、その中で講演会やシンポジウムなどにつきましては、その速記録に基づいた図書の刊行を行い、開催地や開催回数の制約を補って、多くの方々に喜ばれております。

「えひめブックス」では、更に歩を進めまして、郷土の文化や風土に根差した文化史・生活史が展望できるようなシリーズとして、先人の豊かな知恵を汲みあげ、あるいは、今日我々が直面している事象に意味を賦与し、さらに将来への道を拓く、このような出版物を意図しております。そのためにも、郷土の文化へ向ける視線が偏狭に堕さぬよう、視野を広く瀬戸内社会・西日本・日本列島にも及ぼし、愛媛を多面的に位置づける叢書でありたいと心掛けております。

今日ほど、多くの人々が創造的に学ぼうとする時代が、かつてあったでしょうか。更に、今後も益々深まっていくであろう価値の多様化も十分反映させ、この「えひめブックス」が、時代にふさわしい使命をになって、県民の方々に、限りなく豊かな愛媛の文化・風土の扉を開くしるべとなることを念願してやみません。

昭和六十一年十二月

財団法人 愛媛県文化振興財団

※平成二十四年四月一日より公益財団法人愛媛県文化振興財団となりました。

●公益財団法人 愛媛県文化振興財団刊行図書●

◎えひめブックスシリーズ

「アメリカの風が吹いた村―打瀬船物語」 村川庸子著
「人生は路上にあり」 手束妙絹著
「肱川　人と暮らし―川の文化誌―」 横山昭市編著
「幕末維新の松山藩―守旧保守の苦悩―」 景浦勉編・監修
「空飛ぶボラ―南予トッポ話―」 和田良譽著
「伊予の古刹・名刹―美とやすらぎの空間―」 越智通敏著
「文宝日記を読む―宇和島藩城代家老桑折宗臣の日々―」 篠崎充男著
「写真で見る愛媛の昆虫―愛媛の自然―」 田辺秀男著
「伊予の名僧・傑僧―古徳の教え―」 越智通敏著
「松山藩と裏千家茶道―茶の湯覚書―」 武田幸男著
「石鎚山系自然観察入門」 森川國康編著
「果てしなき旅―捨てひじり一遍―」 越智通敏著
「華宵からの手紙」 高畠麻子著
「青地林宗の世界―伊予の蘭学者―」 池田逞著
「伊予のかくれキリシタン」 小沼大八著
「愛媛・新風土記」 横山昭市著
「愛媛の地名―小さきものへのめまい―」 堀内統義著
「愛媛の文学―明治から平成への道のり―」 図子英雄著
「伊予灘漁民誌」 渡部文也・高津富男著
「伊予の俳人たち―江戸から明治へ―」 池内けい吾著
「えひめ季節ノート」 深石一夫著
「街角のフォークロア―足下の暮らしを見つめ直す試み―」 森正康著

◎歴史シンポジウムシリーズ

「幕末維新の宇和島藩―幕末維新の宇和島藩とは―」
川崎宏・島津豊幸・長野暹・松本麟一・三好昌文・吉村昭

「遊行ひじり一遍―心の旅人一遍―」
栗田勇・橘俊道・足助威男・越智通敏

「奈良時代の伊予―律令国家の形成と展開―」
直木孝次郎・小林昌二・荒木敏夫・山崎信二・松原弘宣・豊田有恒

「近代愛媛の開化―伊予国から愛媛県へ―」
飛鳥井雅道・芳賀登・岩橋勝・村上護・井出孫六

「河野氏の台頭と源平争覇―中世瀬戸内のあけぼの―」
永原慶二・上横手雅敬・福田豊彦・景浦勉

「弥生から古墳時代へ―宮前川遺跡と古照遺跡―」
亀井正道・田中琢・野口光比古・西尾幸則・下條信行・長井数秋・古瀬清秀・門脇禎二

「藤原純友の乱―律令制崩壊への歩み―」
福田豊彦・上横手雅敬・小林昌二・豊田有恒

◎文化講演会シリーズ

「文化講演会1」
小此木啓吾・谷川健一・池田弥三郎・俵萠子・山本七平

「文化講演会2」
加藤秀俊・藤原てい・石川喬司・岡部伊都子・木村治美

「文化講演会3」
山田洋次・今江祥智・寿岳章子・森瑤子・阿刀田高

「文化講演会4」
三木卓・真鍋博・早坂暁・岡部伊都子・高樹のぶ子

◎文化を考えるシンポジウム

「大衆文化の芽生え」　横井清・村井康彦・田村憲治・松田毅一

◎民話シリーズ

「ふるさと人間ばなし」　沼田曜一・和田良譽

「山口崇民話の出逢い」　山口崇・井上ツルノ・和田良譽

「石鎚山麓民話の出逢い」　沼田曜一・はたたかし・平井辰夫

◎平成13年度正岡子規国際俳句賞事業の記録

「えひめ百人一句
　―生花・俳句・写真のコラボレーション―」

◎芝不器男俳句新人賞受賞記念句集

「春の枢」―第二回芝不器男俳句新人賞受賞記念句集―　杉山久子著

「愛媛の近代洋風建築」　日本建築学会四国支部編

「愛媛の近世画人列伝―伊予近世絵画の流れ―」　矢野徹志著